让黑土地永生

张　赤 ◎ 著

中国农业大学出版社

· 北京 ·

内 容 简 介

　　本书采用报告文学的形式,从纵向和横向两个角度,记录和呈现黑土地保护利用过程中一套科学实效模式的形成及落地的过程。作者既是黑土地保护利用的直接参与者,也是"梨树模式"形成的见证者,更是黑土地上每一滴汗水、每一行脚印的采集者。作者力图通过翔实的、科学有据的描述,让读者感受到奋战在黑土地上的人们的炽热情怀,让读者听到来自黑土地保护利用与文化建设者们铿锵的时代足音,让读者看到乡村振兴与民族复兴的壮美图画。让黑土地保护利用的动人故事和那些可歌可泣的英雄事迹,被历史珍藏,远远流传! 将"梨树模式"记载进中国农业发展史的大百科,为子孙后代留下一部"黑土策"。

图书在版编目(CIP)数据

让黑土地永生 / 张赤著. -- 北京:中国农业大学出版社,2024.2
ISBN 978-7-5655-3184-2

　　Ⅰ.①让… Ⅱ.①张… Ⅲ.①黑土－土地保护－研究－中国

Ⅳ.①S157.1

　　中国国家版本馆 CIP 数据核字(2024)第 036602 号

书　　名	让黑土地永生
作　　者	张　赤　著

策划编辑	赵　艳　潘博闻	责任编辑	潘博闻
封面设计	李尘工作室		
出版发行	中国农业大学出版社		
社　　址	北京市海淀区圆明园西路 2 号	邮政编码	100193
电　　话	发行部 010-62733489,1190	读者服务部	010-62732336
	编辑部 010-62732617,2618	出 版 部	010-62733440
网　　址	http://www.caupress.cn	E-mail	cbsszs@cau.edu.cn
经　　销	新华书店		
印　　刷	运河(唐山)印务有限公司		
版　　次	2024 年 2 月第 1 版　 2024 年 2 月第 1 次印刷		
规　　格	148 mm×210 mm　 32 开本　 7.5 印张　 149 千字		
定　　价	88.00 元		

图书如有质量问题本社发行部负责调换

前　言

　　地球上的黑土资源是非常稀缺的土壤资源。据统计，黑土区占全球陆地面积不到7%，仅存在于地球的中温带与寒温带地区。而在我国东北有一块神奇的土地，103万平方公里的土地上生产着全国近1/3的可调出商品粮，这里，就是被誉为"耕地中的大熊猫"的黑土地。

　　我国黑土地经过近百年的开发垦殖，由于高强度和不合理利用，水土流失日趋严重，黑土层变薄、变瘦、变硬，甚至全部流失，已经严重威胁国家的粮食安全。解决这一问题，让黑土地永生，这是黑土地工作者的追求，是广大农民的期盼，更是人类对粮食生产环境的美好向往。

　　让黑土地永生！正是这样的追求、这样的理想，让农业科学家、广大黑土地工作者和千千万万农民在黑土地上苦苦地追寻和探索。2007年，以中国农业大学李保国教授、梨树县农业技术推广总站王贵满研究员为代表的一批科学家，在梨树，开启了黑土地保护利用的研究、示范、推广的漫漫征程，创建了一套享誉中国的黑土地保护利用的

"梨树模式"，为世界贡献了黑土地保护的"中国方案"，向党和人民交上了一份"要认真总结和推广'梨树模式'，采取有效措施切实把黑土地这个'耕地中的大熊猫'保护好、利用好，使之永远造福人民"的答卷。

我国农业的根本目标是保障粮食安全，根本目的是"确保中国人的饭碗牢牢端在自己手中"。报告文学《让黑土地永生》，与其说是黑土地的保护方案，不如说是粮食安全的保障方案。本书从纵向和横向两个角度，阐述黑土地保护利用过程中，形成的一套科学的、有价值的模式。从纵向角度，讲清黑土地的历史、黑土地在国家粮食安全战略中的地位、黑土地过度开发带来的土地危机，以及进而带来的粮食危机。从横向角度，以梨树黑土地为平面，重点阐释"梨树模式"形成的艰苦过程；论证"梨树模式"的科学含量和农业价值；介绍"梨树模式"的推广过程以及"梨树模式"对未来的深远影响。

围绕这样的历史框架，笔者饱蘸浓墨，站在历史的和现实的角度，力图通过生动的、翔实的、严谨的描述，采撷出一片"梨树模式"花海，谱奏出一首"梨树模式"长曲，描绘出一幅"梨树模式"彩图。在这片花海中，有政界和学界的营养注入；在这首长曲中，有院士和硕博生的大音弹奏；在这幅彩图中，有外国专家和普通科技工作者的泼墨挥毫。是他们，在"梨树模式"的形成中，以血肉丰满的形象行走于黑土大地；是他们，在"梨树模式"的示范中，以鲜活生动的笔触论证于黑土大地；是他们，在"梨树模式"的推广中，以炽热情怀扎根于黑土大地，践行习近平新时代中国特色社会主义思想。

笔者以"梨树模式"的研发、示范、推广过程为主线，以不同角色的人们在"梨树模式"研发推广过程中的表现为辅线，以各种事例为支线，构置全篇，力求脉络清晰，错落有致，庞而不杂，大而不散。

文章千古事，得于有心人。在各种过程与事物的描述中，笔者认真观察思考，真实客观地展现每一个时期，每一个事件，努力让行文的语言富有感染力，希望通过使用生动、黏着力强的文学语言，特别是一些口语、流行语汇，来增强可读性，力求把读者引入笔者描写的气氛中，引起读者的共鸣，让读者听到形成黑土地保护利用与文化建设农耕文明的时代强音。本来描写的是"梨树模式"创建过程中的艰苦卓绝、辛勤和汗水，可同时笔者也始终在满怀深情地展现生活的美好，使读者在艰难困苦之上，看到一种真善美、感受到一种人生的浪漫、欣赏乡村振兴与民族复兴的壮美图画！

笔者既是黑土地保护利用的直接参与者，也是"梨树模式"形成的见证者，更是黑土地上每一滴汗水、每一行脚印的采集者。在笔者看来，"梨树模式"就是一个有本色、有传统、能包容、能对话的世界一流黑土地保护方案。在这里，每一段时间、每一个事例都实实在在地镌刻着"梨树模式"所经历的风雨和辉煌。

心有丘壑万事表，地藏春暖百花绽。老子说："积善地，临善渊。"本书用一种叙事传达生活的态度，礼赞黑土地的善；庄子说"天地有大美"，本书是生命与时空在黑土地上的沉醉与思考，是人民的礼赞！笔者力图通过本书，珍藏历史，让黑土地保护利用的动人故事，远远流传！将"梨树模式"记载入中国农业发展史，为子孙后代留下一部"黑土策"。

目 录

美国学者布朗曾经发问："占世界耕地面积7%，占世界人口 20%，谁来养活中国？"美国前国务卿基辛格曾经说过："谁控制了石油，谁就控制了各国；谁控制了粮食，谁就统治了人类。"无论是学者的忧患意识，还是政治家的控制论，都把问题指向一个焦点——粮食。是啊！粮食，是美国称霸全球的战略基石之一，打造粮食帝国的战争，早已在美国吹响了号角。

中国是农业大国，新中国成立后的前 30 年，农业人口占总人口的 80%以上，初级的农业技术水平使我们一直处于解决温饱阶段。农村改革 40 年，随着农业科技力量的不断增强，我们解决了温饱问题。尤其近 10 年，我国农业生产力水平的极大提高，使得我们步入了小康，并正在向着中华民族伟大复兴的目标奋勇前行。中国是寻求和平、反对霸权主义的国家，面对发问和质疑，中国人的答案只有一个——端好中国人的饭碗。

广袤的东北平原肩负着国家粮食安全的战略重任，吉林省梨树县是全国著名的商品粮基地，优质的黑土地保持着粮食的高产丰收，为国家粮食安全战略提供了一份保障。如今，在这块黑土地上，又为国家粮食安全战略提供了一份黑土地保护与利用的"梨树模式"，贡献了黑土地保护与利用的"中国方案"。

一、 黑土地的百年沧桑

当我们踏上北纬 43°的黑土地，走进那里的黑土地博物馆，听着工作人员清晰的解说，观赏一件件真实的展品，透过各种精准注释的文字，便会看到黑土地的百年沧桑……

大自然给予——黑土宝藏

黑土资源是非常稀缺的土壤资源。据统计，黑土区占全球陆地面积不到 7%，仅存在于地球的中温带与寒温带地区。这样的黑土区，四季分明，大部分区域夏季温暖湿润，冬季寒冷干燥，独特的地理和气候条件，造就了一种拥有黑色或暗色腐殖质表土层、性状好、肥力高、非常适合植物生长的土壤——黑土。人们常常用"一两土二两油"来形容它的肥沃与珍贵，因而黑土地不仅是世界上最宝贵的不可再生的土壤资源，同时也是大自然给予人类的得天独厚的宝藏。这样的黑土区，全世界只有四大块，分别位于欧洲的乌克兰平原、北美洲的密西西比平原、中国的东北平原、南美洲的潘帕斯平原。

欧洲的乌克兰平原有全球最大的黑土区，面积 3.3 亿公顷，其中俄罗斯南部有 1.48 亿公顷，乌克兰有 0.34 亿公顷。北美洲的密西西比平原有全球第二大的黑土区，其中美国境内有 2 亿公顷，加拿大境内有 0.4 亿公顷，墨西哥境内有 0.5 亿公顷。第三大黑土区位于亚洲，面积 1.2 亿公顷，主要位于中国的东北平原。第四大黑土区位于南美洲的潘帕斯平原，面积 1.05 亿公顷，其中阿根廷境内有 8 900 万公顷，乌拉圭境内有 1 300 万公顷，巴西南部大约有 430 万公顷。

人类在顺从自然、改造自然，在与自然和谐共生中，开垦了广袤的黑土地。

有土才有地。黑土是大自然在漫长的历史中形成的宝藏，它只在温带湿润气候草原草甸植被条件下形成，青草一年年枯荣往复，在表层积累了厚厚的有机质，千万年后，才形成了黑土，每一厘米厚的黑土都需要数百年的积累。这样稀缺的黑土，经过人类的开垦，才变成了珍贵的黑土地。

有地才有粮。黑土地区地势相对平坦，土壤综合性状好、肥力高，非常适合植物生长，因此黑土最适宜被开发成为耕地，再加上其具有资源较为集中，易于规模化、连片化经营和农业高产出的特点，每一块黑土地，基本上都是所在国家的重要农产品基地。

素有"欧洲粮仓"之称的乌克兰平原，农业发展较早，到

20世纪初已经形成了规模。该地区长期实行粗放经营方针，在苏联时期，这个地区的农业生产总值占全苏联的1/4，甜菜和土豆产量均占当时苏联的一半以上。

在密西西比平原，以美国为例，黑土地囊括了大部分玉米带和小麦带，是重要的"商品谷物农业"区，被称为美国的"面包篮"。

中国的东北平原，作为我国重要的商品粮生产基地，粮食产量占全国总产量的1/4，粮食调出量占全国的1/3，在保障国家粮食安全中具有举足轻重的地位，是国家粮食安全的"稳定器"和"压舱石"。

南美洲的潘帕斯平原，阿根廷所占的黑土区面积最大，是全球"粮仓"的重要组成部分。这个地区黑土开垦较早，已有120年之久，大多用于种植粮食、油料、果树、饲料和纤维作物。阿根廷黑土区种植作物主要有小麦、玉米、高粱、大麦、大豆和向日葵，乌拉圭黑土区主要用于放牧牛羊。

"闯关东"——冲进大粮仓

中国有着五千年的历史，有着五千年的文化。"关东"作为汉字文化圈的地理专有名词源自中国先秦时期，泛指函谷关以东的地区。但随着时代变迁，"关东"在中国的含义有所变化，自明代以来，"关东"泛指山海关以东的地区。

"走西口""下南洋""闯关东"是中国历史上的3次人口大迁徙。"走西口"是为了谋生，"下南洋"是为了经商，只有

"闯关东"是为了开拓土地，也只有"闯关东"历史经久，无论是自发的"闯"，还是政府有建制的移民，从明末到民初，历时500余年。人们挑着担子，或推着独轮车，一路吱扭地向着一个目标——关东黑土地。

明朝中后期，整个东北人烟稀少，大部分人是以狩猎放牧为生，种地的人不多，农业发展不足，广袤的黑土地基本没人开发，黑土地的开垦规模十分有限。等到了清朝初期，满人倾族入关，东北人口剧减，统治者借口"祖宗肇迹兴王之所"，保护"参山珠河之利"，采取严禁汉人进入满洲"龙兴之地"垦殖的封禁政策，明令限制东北垦荒。康熙七年（1668年），清政府下令"辽东招民授官，永著停止"，对关东实行封禁政策。清朝封禁东北是为了维护本民族利益，独享广袤的自然经济资源。到了乾隆年间，"闯关东"者日盛，"查办一次，辄增出新来流民"。清政府对东北时开时禁。黑土地的开发基本上是"立定"状态，东北地区依然保持着以草原和森林草原为主的生态环境。

对东北地区实行长达200多年的封禁政策，造成了东北地区政治、经济、文化的落后及边防的空虚。

嘉庆七年（1802年），清政府准许流民垦荒，山东、河北等地居民批量来到东北。清朝中后期，由于东北移民戍边的需要和关内人口快速增长的压力，清政府开始放松封禁政策并逐步完全开禁，实行奖励移民政策以吸引关内百姓到东北进行垦荒。咸丰十年（1860年），鸦片战争前后，在东北地区内忧外患的形势下，清政府移民实边，封禁政策终止，正式开禁放垦。

1912 年 1 月，民国建立后，东北地方政府继续推行奖励移民垦荒政策，叠加关内军阀混战和北方诸省连年自然灾害，东北地区来自关内的"闯关东"人口持续增加，1924—1930 年，"闯关东"的人口总数高达 500 多万。

1932 年 3 月，东北沦陷后，东北地区在民国时期形成的自由移民潮被迫中断，并逐渐被带有强制性和欺骗性的产业移民和军事劳务移民所取代，农业开发主要为日本组织的"开拓团"进行殖民开垦。

在人类与大自然的抗争中，不同的历史时期，会产生不同的想法，会有不同的举措。历史上，曾有一条绿色长城横亘在广袤的东北平原上，它是清政府于崇德三年（1638 年）开始修建的堤防沟壕，因是在用土堆成的宽、高各三尺的土堤上种植柳条，故谓之柳条边。据《柳边纪略》记载："（老边）西自长城起，东至船厂（今吉林省吉林市）止，北自威远堡（今辽宁省开原市境内）起，南至凤凰山（今辽宁省凤城市）止。设边门二十一座……每门设苏喇章京一员，笔贴式一员，披甲十名。"全长 1 900 余里（1 里 = 0.5 千米），由盛京将军管辖。

清政府在东北设边墙，置哨卡，划分边内外，旨在限制内地汉人和朝鲜人、蒙古人等去边外采参、狩猎和垦殖。若需要进入边外禁地，则必须持其所在地方政府发给的印票，限时、限人出入。

历经雨打风吹，在今天的吉林省梨树县，柳条边及赫尔苏门仍然留存。清初，这里由盛京将军节制，成为蒙古达尔罕王的牧地。境内柳条边遗迹明显，经 10 多个村屯 35 公里，设有布尔图库门及多处边台。这里被清朝政府作为其"龙兴之地""大清龙脉"，一直被"军管"、被柳条边封禁了 200 多年。

无论是被封禁，还是被军管，从某种意义上说，这些年来，黑土地还是得到了一定的保护。这使得我们看到气候温暖湿润，水草丰茂，国内少有的黑土平原，这样古老而神奇的土地。

垦荒黑土——向大地要粮

民以食为天，土地资源是全球农业生产粮食供给的基石，它为人类提供超过 95% 的食物。随着清朝初期社会经济的恢复，人口激增，生存出现了问题。到清朝中后期，对东北封禁完全放开，并实行奖励政策吸引关内老百姓闯关东，引导他们到东北垦荒。到清朝末期，东北地区的人口规模从 1898 年的 542 万人快速增长到 1911 年的 1 492 万人，13 年间增长 1.8 倍。成千上万的人口，为了有口饭吃，为了生存，不得不"闯关东"，不得不流浪到东北，踏上黑土地，在这里开荒种地，谋求生存。

1916 年，张学良迎娶于凤至的婚姻大戏，在黑土地上开演，迎亲的锣鼓唢呐将小镇风情与奉天风云融合，将"东北王"张作霖与东北富商于文斗姻亲结成，将关东富豪的名声响彻在黑土地的天空上。出生于梨树城大榆树屯的于文斗（1843—1916年，张学良夫人于凤至的父亲），祖籍山东登州，祖辈就是奉"辽东招垦令"来到梨树的。于文斗少年随父亲农耕和经商，他们靠着自己的勤劳和智慧，在黑土地上辛勤耕耘，扎实劳作。他们的眼光，并没有局限在梨树，而是投向广袤的黑土地，把当时的农业和商业发展到梨树周边，先后在梨树、怀德、郑家屯等地购得数千顷土地，置办了较大的产业，创造了非常丰厚的财富。到了清末民初，便有了"南有胡雪岩，北有于文斗"的赞誉。

团队开垦——共和国长子的担当

"闯关东"，在新中国成立后乃至20世纪60至70年代，也没有中断。那个时候有一个热词"纲要"，虽然当时没有电视、微信、抖音，就连广播匣子都算奢侈品，可"纲要"这个词却妇孺皆知，因为这个词同关乎人们生命的粮食连在一起，"上纲要"成了粮食产量的轴线，亩产500斤（1斤 = 0.5千克）成了"纲要"。

然后，把目光越过遥远的长城，穿过燕赵群峦，投向另一个轴线——北纬43°线，只有那里，不为"纲要"发愁，因为那里有片以北纬43°为轴线的黑土带，也是黄金玉米带。于是，人们打起行囊，一路踩着祖先的脚印，一路聆听着独轮车的吱扭声，来到充满神奇色彩的黑土大地。他们比祖先幸运，他们没有像祖先那样躲避狼烟号角，迎接他们的是磨道里驴子不停的踢踏声。他们也不用像祖先那样举起镐头垦荒，迎接他们的是马拉犁铧不停的翻地声，黑土被翻犁成蒸腾的热浪。他们也不用为"纲要"发愁，富饶的关东黑土大地，不仅"棒打狍子瓢舀鱼，野鸡飞到饭锅里"，场院放映的是《田野又是青纱帐》，广播里播送的是"喜看稻菽千重浪"，院子里是"篱笆墙上爬满了豆角秧"。他们融入了磨道，融入了犁铧，融入了黑土大地。得以饱腹的人们发出由衷的感激——黑土大地，母亲！

在时光隧道中行进，我们自然就会聚焦到一个新的地方，这个地方就叫北大荒。北大荒最早的时候是指黑龙江省北部三江平原、黑龙江沿河平原及嫩江流域的广大荒芜地区。等到了新中国成立初期，人们把辽宁以北的东北平原称为北大荒，主要是松嫩平原和三江平原。但是严格意义上来讲，北大荒是以前黑龙江省农垦总局的开荒者们对三江平原、穆棱河兴凯湖平原以及完达山的称呼。

中国共产党是英明伟大的。1945 年日本宣布无条件投降后，中国大地一片混乱。即使这个时候，我们党也始终把黑土地放在心上。8 月 26 日，中共中央研究了《中苏友好同盟条约》之后，决定派张秀山率领 800 多名干部离开延安，到晋西北与林枫带领的干部团会合，组成 1 500 余人的东北支队，由林枫率领开赴东北。"控制广大乡村和（苏联）红军未曾驻扎之中小城市，建立我之地方政权及地方部队，大大的放手发展。"9 月 15 日凌晨，中央政治局会议决定成立东北局，彭真任书记，立即赴东北工作。我们党在东北，放手发动群众，打好了人民战争，取得了东北解放战争的胜利。同时，也在解放区内开展土地改革，基本实现了"耕者有其田"，对广袤的黑土地开垦，开展了拓荒生产自救。1947 年，为迎接全国解放战争胜利，中共中央东北局根据党中央的指示精神，开始在北大荒（黑龙江）垦区试办公营农场和进行机械化农业生产试验，利用 1947—1949 年 3 年时间先后建立起宁安农场、通北农场等第一批国营农场，拉开了开发北大荒的序幕。

当时光走到 20 世纪 50 至 60 年代，国家对黑土地利用的力度不断加大。1956 年，国家成立了农垦部，相关各省区市也设立了农垦厅（局），在东北各个地方建立多个各类的国营农场。1958 年王震将军率领 10 万复转官兵挺进北大荒，之后，有 20 万支边青年先后来到北大荒，随即建立起一大批军垦农场和国营青年农场。吉林省四平地区的梨树农场、双辽种羊场等都是那个时期建立的，隶属吉林省农垦局的农场。这些人流的涌入，这些农场的建立，使得东北黑土区的开垦事业取得巨大进展。以北大荒的规模拓荒为标志，东北地区的黑土地迎来新的开垦高潮。

到了 20 世纪 60 年代末至 70 年代末，东北地区先后接收安置了大批城市青年，高等学校毕业生和城市青年相继投身黑土荒地的开发建设。当时，吉林省梨树县就涌入了大批城市青年，他们在这里安家，住进集体户。1968 年 11 月，来自上海、天津等地的 7 102 名城市青年，被梨树县安置到 24 个公社。成千上万的城市青年投身东北地区的开发建设，有力地推动了黑土区的开发利用。

至此，东北地区始于清末的规模垦荒活动基本结束，中国人在亘古荒原上创造了人类垦殖史上的奇迹。大片黑土荒原被开垦，促使东北黑土区成为我国重要的商品粮基地之一。东北黑土地开发利用随之进入以提高耕地综合生产能力为主的发展阶段。

改革春风拂沃土——黑土大地多产粮

我们常把大地比作母亲，是感激，感激大地源源不断的给养；是称颂，称颂大地无私奉献的品格。

建三江垦区在东北黑土带的最北端，人口不超过万人，每年生产的水稻，可以供养 14 亿人口 3 天。

位于黑土带中南段的梨树县，4 000 平方公里的土地，连续 17 年粮食产量都不低于 30 亿千克。

改革的春风吹遍黑土大地，让黑土地上的人们发生了根本变化，也让黑土地上的环境发生了翻天覆地的变化。农民有了自己的土地，掌握了自己的命运。于是人们在各自承包的土地上，开始拼命地耕作，拼命地种田。人们就一个念想，向土地要粮，向土地要财富，向土地要幸福。

改革开放之前，农村的生产大队、生产小队的生产形式和分配方式，什么东西都拢在一起，都是"大帮轰"。人们参加生产队的集体劳动，每天都是按出工来计算工分。干多干少一个样，干好干坏一个样。多少年下来，人们就疲倦了，都想单干，都想自己赚钱。随着时代的发展，社会的变化，在整个中国实行了家庭联产承包责任制。

当我们将目光聚焦到吉林省梨树县，我们看到，1978 年梨树县委下发了关于家庭联产承包责任制文件，全县开始推行分组作业，包产到组的农业生产责任制。1979 年有 299 个生产队实行小组联产承包，1981 年年末有 1 832 个生产队包产到户，126 个生产队包产到组，688 个生产队包产到段，1985 年全县 2 846 个生产队包产到户，基本普及了家庭联产承包责任制。农村土地承包后，全县粮食产量逐年增加。

1981 年全县粮食产量 14.5 亿斤，销售商品粮和人均收入全省之最。

1982 年全县向国家交商品粮 9 亿斤。

1983 年发动农民参与民代国储粮。

1991 年，梨树县被国务院授予粮食生产先进单位。

2011 年，梨树县被评为全国粮食生产先进县。

我们高兴农村发生了翻天覆地的变化，农民积极性上来了，获得了实实在在的丰收。可是这种传统的"三铲四趟"翻耕技术，少有轮耕休耕，多年无休止的耕作，使土地逐渐失去了蓄水保墒、培肥土壤、减少侵蚀、稳产高产、保护生物多样性、降本减排、绿色生产等多重功效，破坏了地表保护层，扰动了土壤中动物和微生物，使土壤的生态和生产功能退化。

这种掠夺式的生产方式，让黑土地变"瘦"了！

风蚀水蚀下，黑土层薄了。东北黑土耕地退化是自然因素和人为因素综合作用的结果。在自然因素方面，东北平原地势平坦，春季干旱多风，黑土质地疏松细腻且春播时期多处于裸露状态，在大风作用下极易发生土壤风蚀。风蚀和水蚀不仅破坏环境，还带走了大量肥沃的表土，是黑土地退化的主要原因之一。尤其夏季，短时强降雨让丘陵和缓坡地易形成径流，冲刷表层土壤，加剧侵蚀沟的形成，导致耕地被侵蚀沟切割破碎，生态系统遭到严重破坏。根据测算，在东北黑土地现有水土流失总面积中，风力侵蚀的面积占到12.3%。这些年，因为过于追求粮食产量，农村土地的化肥、农药等施用量不断增加，造成了土地沙化及有机质含量下降等问题。不断扩大耕地面积，大量使用化肥和农药等行为造成农民种地不养地，广种薄收的耕作习惯，黑土地越种越瘦，不仅加剧了水土流失，而且造成严重的资源污染，耕地贫瘠化、次生盐渍化、酸化等现象出现，土地有机质下降情况突出。

时代在发展，观念在更新，人们不再满足于"日出而作，日落而息，二亩地一头牛的田园式生活"，开始追求工业化和城镇化。条件好的乡镇都建起了楼房，农民也纷纷扩建自己的住房。同时，各地都在建立开发区，各类企业也在农村"跑马圈地"。城镇化和工业化使得企业占地面积逐年增加，道路扩修，土地流转情况严重。

土地疲惫不堪，人也活动着脑筋往外走。过去说农民真苦，现在农民不苦，种地靠机械化，春天播种，秋天收割。有的农民，干脆把土地转让，收取租金。有的干脆跑到城里当"农民工"去了。个别屯的人，扔下土地全都"出走"，留下一个土地荒芜的"空壳屯"。

如今的梨树县凤凰山农机农民专业合作社理事长韩凤香，从小在梨树长大，可印象中过去的家乡不怎么好。她说："天上一刮风，地里都是土。土面子飞起来，刮得人脸都疼。出门连件儿像样的衣服都不敢穿，鞋面也是一层灰，像去黄土高原走了一趟。""那时候，外出打工的人越来越多。我也和周围的年轻人一样，不乐意干种地的活儿。我考上了大专，毕业后又学起美容美发，开了家美容院，生意还挺不错呢！"

到了20世纪90年代，部分农民开始填防洪沟、砍树，以此增加种植面积。梨树县郭家店镇柴火沟村村民王东海说："这么一整，地不仅怕旱，雨水大一点也不成，排水和滤水走不出云，也下不去，很容易就把农田给淹了。有些地块的黑土层被风刮跑又被水冲走，薄得好像一锹就能挖到底。"

不合理耕种，黑土层硬了。雨过天晴，王东海和几个乡亲在树下乘凉，"要说头些年，从种子下地就开始提心吊胆，雨少害怕，雨多也害怕，哪有心情唠闲嗑儿"。

"为啥？黑土变薄了呀，水一泡，胶黏；地一干，梆硬！收成咋也好不起来，还唠个啥劲儿！"王东海说。一旁的乡亲听王东海回忆往事，都心领神会地跟着笑起来。

王东海从小就跟着父母种地，"那时候的梨树，种地用的是农家肥。秸秆经过家畜的消化，转换成粪回到地里，可养地呢。那土可真肥呀！"

可到了 20 世纪 80 年代，梨树县开始单一使用化肥，不再重视养地，进而造成了土壤板结。

王东海接着说："土壤板结就会影响产量，大伙儿为了维持产量，就一个劲儿地在化肥上找补。化肥越用越多，成本越来越高，产量反倒低了。一年到头白忙活。"

长期使用化肥催产，采取掠夺式生产利用，导致梨树县黑土区土壤肥力降低、风蚀水蚀严重、农业生产环境恶化。近年来，土壤退化严重，制约着东北粮食主产区作物生产潜力的发挥，也制约着农业可持续发展。与开垦前相比，黑土耕层的有机质含量下降了 50%～60%，潜在生产力下降了 20% 以上，而且仍在以 5‰ 的年速度下降。原来攥一把就能成团儿的黑土，变成了流沙一样的灰土。

改革开放以来，在耕地规模和空间分布上，东北黑土耕地总体上保持基本稳定。根据第二次全国土地调查数据和县域耕地质量调查评价成果，东北地区典型黑土耕地的总面积约为 2.78 亿亩（1 亩≈666.7 平方米），占 18 亿亩耕地红线的 15.44%，其中，黑龙江省、吉林省、辽宁省和内蒙古自治区分别为 1.56 亿亩、0.69 亿亩、0.28 亿亩和 0.25 亿亩。在耕地质量方面，东北黑土耕地则出现严重的水土流失和土地退化问题。据不完全统计，吉林省黑土地水土流失面积多达 2.59 万公顷，占总面积的 26.8%，因水土流失形成的长度在 100 米以上的侵蚀沟有 3 万余条；东北平原黑土层的平均厚度已由新中国成立初期的 60～70 厘米，下降到目前的 20～30 厘米，而且还在以每年 0.3～1.0 厘米的速度流失。照此速度，再过 50 年，东北粮食主产区作物的产量将大幅度下降，这将严重威胁我国的粮食安全。

过度开发——黑土大地现迷茫

黑土地开垦以来，特别是近 60 年来，我国黑土区黑土耕作层有机质含量下降了 1/3，部分地区下降了 50%，黑土层平均减少了 20 多厘米。可见，过度利用和不合理利用给黑土地带来了严重的退化或破坏。

黑土区人口的快速增长，化肥和农药的大量使用造成农民种地不养地、广种薄收的耕作习惯，不仅加剧了水土流失，而且黑土地越种越瘦，还造成严重的面源污染，耕地贫瘠化、次生盐渍化、酸化等现象出现，土地有机质下降情况突出。土地对化肥，成了捆绑性依赖，土地危机不仅是土地面积危机，而且是过度开发造成的"生死疲劳"危机。

"破皮黄"是东北方言，是当地的一句土话，可用它来描述现在的黑土地，再形象不过了。

梨树县的八里庙村，50多岁的村民卢伟种了一辈子地，是棵长在黑土里的"老玉米"，他对黑土地的现状非常发愁。

卢伟还依稀记得小时候走在田里软绵绵的感觉，手往地里一掏就是坑，抓一把土，手感相当舒服。"在老辈人眼里，咱村这地都是宝地。"

"老辈人翻地哪有露黄土的时候，谁家的地要有'破皮黄'，全村人都笑话。可现在深翻一点就是黄土。整个村子里，有些地块，挖开10多厘米下面就是黄土，都是破皮黄，这下可好，谁也不用笑话别人了，家家都一样。好好的土地，原来那么肥沃的黑土地，咋就变成这样了呢？咱农民，得靠地吃饭呢！这可咋整啊！"急得他直转磨磨。

"老玉米"愁懵圈了！

"土垃坷"是东北方言，也是当地一句土话。站在由于水土流失造成板结的土地上，梨树县长山堡村干部着急地说："原来用20马力的拖拉机，就能把这地旋耕得稀松；现在，150马力以上的拖拉机旋完地，还全是土垃坷，这地咋变成这样了呢？"

"馋须子"还是东北方言，也是当地一句土话。村干部急得满嘴是泡："玉米胚胎，没有化肥就是不出土，地变馋了，其实是地力不行了，但粮食还在年年高产，得靠化肥催。上边催增产，村民要化肥。难，真比上天还难！"

老百姓有句民谣："不靠地不靠天，专靠美国老二铵。"

"黑土地就这么不行了？""黑土这宝贝，不能在咱这一辈手里整没了。"

村民懵圈，村干部更是着急上火。粮食要丰产，土地要呼吸，农民要富裕，完全摒弃化肥相当于给一个病危患者拔掉呼吸管，学西方息壤不现实，就像在一个特殊病毒体面前，众人束手无策。于是，众人都把希望寄托在他们最为依赖的王贵满身上。

二、 黑土地上的 "老农技"

　　每个年代都有每个年代的赞歌，每个时代都有每个时代的英雄。王贵满，就是黑土地保护利用时代里农民最为信赖的人，梨树人称他为"黑土地上的'袁隆平'"。他，是吉林省梨树县农业技术推广总站站长，是把大半辈子献给农业的"老农技"。近40年来，他长年和农民忙活在大地里，有着丰富的农业理论知识和实践经验，对家乡黑土地更有着深厚的热爱；他高举黑土地保护的旗帜，紧紧依靠县委、县政府的支持，经千辛万苦归拢土地连片，爬千山涉万水寻访黑土地保护专家；他用几十年坚守黑土地的真情感动人，用黑土地退化的危机事实感召人，用保护黑土地的业绩劝导人；他和黑土地上的人们一起，用心血和汗水，实现着美好的理想——让黑土地永生。

四十年磨炼——黑土地土生土长的专家

　　1983年，王贵满在延边农学院（现为延边大学农学院）

农学系毕业后，就回乡当了农技员。他天天扎在大地里观察琢磨，发现当时水稻种植采用的水床育苗法，费时费力，产量还低，就研究探索新方法。后来，他的旱床育苗试验成功了，试验成功后的第一年，推广面积 31 万亩，为农民增收 750 多万元。这一次成功，引起了强烈反响。大伙都非常佩服这位 20 世纪 80 年代少有的大学生，都愿意跟着他干。接着，他就马不停蹄地跑了起来。他率领技术骨干与科研单位、生产企业开展联合攻关，提出了"保护培育黑土地，高产高效可持续"的奋斗目标。经过 14 年的努力，到 20 世纪末，王贵满在省内已是著名的农技专家，在全国也有了一定影响。1997 年 3 月 20 日，他在全国农业技术推广工作会议上，作了"抓住机遇、搞丰产方建设、大力普及农业科学技术"典型发言；同年 5 月 25—29 日，他在全国"丰收计划"工作会议上作了典型发言；1999 年 10 月 26 日至 11 月 2 日，他在全国农业技术推广工作会议上作了经验交流。进入 21 世纪，他仍然奋斗不息，从探索"米麦间作"到"玉米宽窄行栽培"，从"秸秆全覆盖保护性耕作"到"三个方式转变"，每一个奋斗历程他都倾注了大量的心血。

四十年奋斗——给黑土地"盖被子"

王贵满就像一台用大爱铸成的"多功能播种机"，将所有的爱撒满黑土地。"我只喊一声祖国万岁，更强烈的爱，在那感情的深处。"20 世纪 80 年代初毕业的王贵满，这句话是他的心里写照。他从骨子里生出的对黑土地的爱，是任何情感不能替代的。他看到粮食产量虽然提高，但过度开垦和高强度且透支利用，导致土壤板结，水蚀、风蚀现象严重，伤感地说："春天一场大风就能把田地剥一层皮，土粒子满天飞，黑土地变薄变瘦让人心疼。""在我们这一代，不能让黑土地再这样耗下去了，黑土地是农民的命根子，我得拼尽全力让黑土地重新泛起油光，让农民种出更好的粮食。"2007年以来，王贵满与科研人员一道，研究推广秸秆覆盖地表、免耕少耕的保护性耕作技术模式，这也是"梨树模式"的雏形。模式的推广离不开免耕播种机，他以个人名义借来10万元作为启动资金，与专家们共同搞研发，克服重重困难，终于在2008年成功研制出中国第一台免耕播种机。为了让"模式"从试验田走入农户家，王贵满四处联系农民推广试种。他挨户找到种粮大户作动员，拿自己的工资担保。成功推广后，通过给黑土地"盖被子"，试验地块一垧地（1垧＝1公顷）比过去节本增效2 000多元，年增产2 000多斤。

四十年坚守——绽放黑土芳华

王贵满的试验地块，宣告"梨树模式"基本形态成型。他就像长在梨树大地上的"梧桐树"，引来了全国的顶尖科研单位和科学家，共同研究探索保护利用黑土地的有效道路。多年来，他邀请了中国科学院、中国农业大学、吉林农业大学、黑龙江省农业科学院、辽宁省农业科学院等近20家高等学校和科研机构，来梨树研究探索黑土地保护利用的途径。继而，石元春、武维华、张旭东、张福锁、李保国等几十位来自全国的顶尖专家学者及他们所带的团队汇聚梨树。在王贵满的倡导下，中国科学院保护性耕作研发基地、中国农业大学吉林梨树实验站等国家级科研基地相继落户梨树县。他们把科学思想贡献给黑土地，用科研成果引领示范农民，用新的生产方式推动农村的改革发展，为黑土地保护提供了强有力的技术支撑。2015 年，王贵满又带领团队倡导创建了梨树黑土地论坛，在全国推进黑土地保护和利用方面率先破题，汇集各类精英为黑土地贡献思想，"梨树模式"终于定型。

王贵满这台"多功能播种机"，编织网络搭建平台，将"模式"播撒在黑土地上。近年来，在梨树县委、县政府的领导下，由他牵头开展"梨树模式"的示范推广工作。他推动建立了"333"农技推广网络体系，即在全县建设 30 个示范园区，建立 300 个村级农业科技服务站，培植 3 000 个农业科技示范户。他在全县建立了试验基地、示范基地、推广基地等各类基地，每个基地各有侧重、层次鲜明，为推广"梨树模式"提供了样板。他组织实施了"331"工程，推进土地规模化、技术标准化、商品品牌化，为现代农业的发展奠定了基本格局。他组织成立了"梨树模式"讲师团，加大"梨树模式"的宣传力度，方便广大农民学习和接受。"梨树模式"吸引全国各地的人来参观学习，还得到了习近平总书记的肯定。在王贵满的人生中，定格了许多"国字号"的高光时刻：

1997 年 2 月，被国务院授予"享受国务院特殊津贴专家"称号；

2007 年，被农业部授予全国粮食生产先进个人；

2010 年，被农业部授予农业技术推广贡献奖；

2011 年 12 月，被授予全国粮食生产突出贡献农业科技人员；

2016 年，被农业部评为"全国十佳农技推广标兵"；

2021 年，被中共中央授予"全国优秀共产党员"称号。

三、 黑土大地春潮奔涌

　　群雁高飞头雁领。要建设好中国黑土地保护利用这一项复杂的系统性工程，既需要加强先进农业生产技术及配套农业机械设备的研发，奠定黑土地保护利用的生产力基础，又需要调整农业生产关系以适应农业生产力的发展，推动先进农业生产技术转化为生产力；既需要调整农村上层建筑以适应经济基础状况的变化，从制度层面加快建立健全黑土地保护利用长效机制，又需要立足于农业可持续发展的内在要求，实现黑土资源开发利用和生态环境保护之间的平衡。要实现这些想法，就应该在党的方针政策指引下，在国家宏观指导下，把各个领域、各个方面的力量集聚在一起，在基层，特别是要在一个县来试验。要在对黑土地开发利用基本现状进行梳理的基础上，系统分析和总结黑土地保护利用方面的新思路和新方法，集成多年来国内外的经验，并以此为示范，为进一步加强黑土地保护利用提供中国方案。

产粮大县的担当——梨树县委的心上事

黑土地保护利用是造福人民的大事，是人们为之奋斗不息的事业。在东北众多的农业大县中，吉林省梨树县的县委、县政府先后四届班子都将黑土地保护工作作为"三农"工作的重心，扛在肩上、抓在手上，坚守了"国之大者"的政治站位。2015 年，县委、县政府认真总结分析了梨树县自身的优势和特点：

在区位优势上，梨树正处在世界"四大黑土带"和"黄金玉米带"上，土壤肥沃，地势平坦，禀赋优越；农业作为梨树的主导产业，基础十分雄厚，创造了东北首块亩产吨粮田，常年粮食总产量达 60 亿斤，人均占有粮食、人均贡献粮食、粮食单产和粮食商品率 4 项指标均在全国名列前茅；是"全国粮食生产先进县""国家商品粮基地县"；是名副其实的"东北粮仓"和"松辽明珠"。

在政策优势上，梨树拥有"国家级现代农业示范区""国家级农村金融综合改革试验区"等 8 个国家级试验示范平台，围绕示范区建设，国家将给予更多的项目和资金支持，这为梨树提升现代农业发展水平提供了很好的政策机遇，梨树正抢抓机遇、乘势而上。

在平台优势上，梨树是"国家级农业科技推广示范县"，中国农业大学、中国科学院、吉林农业大学等高等学校和科研机构在梨树建立了实验基地和平台，开展各种农业科技实验已经有 10 多年的时间，依托"百万亩绿色玉米生产基地核心区"，取得了非常显著的科研成果，测土配方施肥、玉米高光效种植、秸秆覆盖还田等农业技术显示出强大的生命力和推广潜力。

在主体优势上，梨树的各类农民专业合作社达到 3 244 家，家庭农场达到 2 475 户，托管规模经营土地面积达到 243 万亩。梨树对各类农业先进技术具有很强的承载能力。

在发展优势上，按照省委、市委"农业强、农民富、农村美"的工作部署，现代农业示范园区建设全面铺开，省委、市委对梨树高度关注，寄予厚望，这是梨树创新工作载体，加快推进农业现代化步伐的原动力。

站在北纬 43°的黑土地上，有多年来的环境实践作为基础，梨树县委、县政府有信心、有能力创造黑土地保护利用的好方式、好办法，以自身的农业改革和发展成果，不断发出加快现代农业发展的梨树最强音。

就在这一年，梨树在前瞻性地引进中国科学院和中国农业大学入驻的基础上，投资 7 000 万元建成梨树实验站，设立黑土地保护利用专项引导性基金，年均投入 2 000 万元用于科技研发、人才培训和推广应用，流转 3 000 亩耕地作为科研基地，构建形成了技术推广普及的组织体系、政策体系、服务体系、宣传推广体系。

这一年，梨树率先扛起"加快黑土地保护与利用，推进现代农业体系建设"的旗帜！

孔雀东飞栖黑土——引进中国科学院和中国农业大学的奔波

　　王贵满站长对黑土地保护事业的执着、努力和热情，吸引了国内顶尖单位与专家来到梨树，扎根在梨树的这片黑土地上。王贵满这个梨树土生土长的老农技深深地懂得，黑土地保护是个历史性大课题，单靠县农技推广总站的人远远不够，必须"攀高结贵"；他十分清楚，要让国内顶尖的单位和专家来梨树搞科研，必须有一块有特色、能试验的土地；他更加了解越是顶尖专家，越有情怀、有境界、能奋斗，必须为他们提供一个更加广阔的舞台。

　　王贵满高举黑土地保护的旗帜，紧紧依靠县委、县政府的支持，经千辛万苦归拢土地连片，爬千山涉万水寻访黑土地保护专家。他用几十年黑土地坚守的真情感动人，用黑土地退化的危机事实感召人，用黑土地保护的业绩劝导人。

　　王贵满带着农技推广总站的人，经过认真踏查，反复筛选，确定了高家村、泉眼沟村、蔡家村等几块有黑土地典型意义的试验地块。经县政府批准，确定在高家村建试验基地。在乡（镇）政府的支持下，王贵满带人走家串户，细心劝说，2001 年，在高家村将一块块分割为各家的土地，连接到了一起，集约了 2 745 亩。农技推广总站又经过精挑细选，拿出了 225 亩是典型黑土地的、够规模成片的"破皮黄"地块，作为供专家学者进行黑土地保护利用研究的试验田。在王贵满的带动下，涉农部门的人员在行动，县领导和所有科技人员都在行动。他们无论在各自出席的会议上，还是在同高等学校和科研机构的人员接触的过程中，都在广泛宣传黑土地，引导各位专家学者来到黑土地进行科学实验。宝剑锋从磨砺出，梅花香自苦寒来。经过努力，他们与中国科学院、中国农业大学、吉林农业大学、黑龙江省农业科学院、辽宁省农业科学院等近20家高等学校和科研机构相约，来梨树研究探索黑土地保护利用的途径。于是，张旭东、张福锁、李保国等来自全国的几十位顶尖专家学者及他们所带团队汇聚梨树，把科学思想贡献给黑土地、用科研成果引领示范农民、用新的生产方式推动农村的改革发展。

堪舆风水善农田——黑土地保护利用总设计师李保国

林语堂在《生活的艺术》一书中有一段描述："让我和草木为友，和土壤相亲，我便已觉得心意满足。我的灵魂很舒服地在泥土里蠕动，觉得很快乐。当一个人悠闲陶醉于土地上时，他的心灵似乎那么轻松，好像是在天堂一般。"这段文字，用在李保国的身上更为贴切，更为精准。这位在"广阔天地"里成长起来的土壤学家，把全部身心都扑到了事业上；把所思所想、所作所为都用在土地上；他以土为纸，以水为墨，在中国的大地上，写就了一位土壤学家的七彩华章。

李保国是中国农业大学教授，中国农业大学土地科学与技术学院院长，美国土壤学会、农学会会士。他身上有许多光环，可他总是谦虚地说自己就是一个农业大学的老师。在与他近十年的交往中，我越来越觉得，这位朴实无华的老师，真的是"需仰视才见"。他既是土壤学家，也是黑土地保护利用的总设计师，还是指导者、实践者。他说："万物土中生，有土才有粮。我们必须全力保护黑土地，在保护的基础上去利用，而且是可持续的利用；必须在利用中保护好这些土壤中最珍贵的资源。"

李保国是位有大智慧、大情怀的教授。他研究问题总是站在全球的角度，从山脉的走向，水系的形成来介入。在黑土地保护利用的研究历程上，他是较早来到梨树的。

2008 年，他就来到吉林梨树县考察当地的农业总站，最初的目的是建立一个监测点，监测当地农业气候、土壤情况等方面的变化，推广信息农业。他踏查了东辽河和招苏台河之后，就发现黑土地退化的问题比想象的更严重，黑土地保护迫在眉睫。他把建立一个监测点的想法，改成了建设一个实验站，把工作的重点、中心放到了黑土地上，决定要进一步加大研究力度。他和他的团队成员了解到，国际上治理黑土地的经验就是实施保护性耕作技术，即减少对黑土地耕层土壤扰动，通过秸秆覆盖还田，增加地表覆盖，免耕少耕，让耕地在最大程度上接近自然状态。他提出了在东北耕地上要加快实行秸秆还田覆盖保护性耕作的思路，核心路径是要让更多的合作社通过适度土地规模种植来采用这种技术，在应用中发现具体问题，因地因土制宜改进这种技术，不断完善保护性耕作的技术模式。

2009 年 8 月 9 日，他又来到四棵树乡试验地查看旱情。当时，黑土地的风蚀水蚀已经很厉害了。他冬天来的时候就发现，秸秆基本上都挪走了、烧掉了，土壤裸露得很厉害。大部分裸露土地，没有进行保护性耕作，播种的时候既翻地又耙地，遇到大风天气，刮起风来就更厉害；烧秸秆使 $PM_{2.5}$ 爆表，刮起风来使 PM_{10} 爆表，黑土就这么流失掉了。他强调，要改变这样的局面，必须实行保护性耕作。

2010 年，中国农业大学正式批准建立吉林梨树实验站，李保国教授任站长。

2011 年 9 月 28 日，中国农业大学吉林梨树实验站揭牌。第二天，他作为国家玉米专家组测产组成员，对玉米地块进行了田间实测，玉米产量达到 1 084.9 千克/亩，首次实现了吉林省中部农区亩产吨粮。

2012 年 2 月 19 日，他主持的"中国农业大学吉林梨树实验站 2012 年学术委员会会议"在实验站召开。来自高等学校和科研机构的 20 余名专家学者参加会议。

2015 年 9 月 7 日，由石元春、李保国担纲的全国首家黑土地保护与利用院士工作站在梨树县揭牌。

和保国在一起工作、相处非常舒服，他本身就是心胸坦荡，实实在在，没有虚的花的招式。吃穿住行，他从来不讲求什么档次，只要实用，解决问题就行。他来我这儿，吃饭就在

我家；我到他那儿，吃饭就在学校食堂。到梨树，探讨问题据
理力争、分毫不让；研究工作深入探讨，谁对听谁的。春秋时
节，他有一件很普通的外衣，总是团一下带在身上，一有风
雨，他就拿出来套在外面，还笑着对我说，"这是我的'黄金
甲'"。穿着他的"黄金甲"，整天泡在地里，似乎一会儿不在
地里，他就浑身不自在。东跑西颠儿地看地块，翻丘越岭地看
水系，跪倒爬起地看土壤。有一个大风天，他走完梨树镇、喇
嘛甸镇、林海镇、刘家馆子镇的多个地块后，还要接着往下
走。在我和贵满的强烈要求下，下午2点多才吃上午饭。饭后
接着走，直到天黑了、看不清楚了，才余兴未了地结束。

李保国作为一位知名科学家，总是直面问题。一方面，他
积极探索保护黑土地的措施，2020年就提出了中国也要发展
"再生农业——基于土地保护性利用的可持续农业"的科学论
断；另一方面，他积极争取国家黑土地保护的政策和法律支
持，积极推动黑土地保护上升到国家战略，2021年，经国家
批准，黑土地保护被上升为国家工程。他作为黑土地保护"梨
树模式"创建者之一，曾多次参与立法研讨，积极推动国家为
黑土地保护提供法律保障。2022年8月1日起，《中华人民共
和国黑土地保护法》正式施行。这是第一部国家层面的黑土地
保护法，为保护好、利用好黑土地提供了法律保障。

"一十"是他给自己起的微信的网名。他觉得，人活着就
应该有自己的生存方式，更应该有自己的理想和抱负。为了实
现自己的人生目标，就得脚踏实地、努力追求。他从"一"这

个大地起步,追求人生事业达到"十"——"踏实起步,追求升级"。这种胸怀和境界真是让人肃然起敬。他很懂得互联网的意义,更懂得"梨树模式"的宣传和普及必须运用网络的功效,才能营造更好的舆论氛围。他时时把该宣传的东西传到网上,照片、视频点击率在几十万以上。线上,尊崇自然法则的保护性耕作观念越来越普及,他成了"网红";线下,他更是孜孜以求,将保护性耕作的技术从黑土地推广到华北平原、南方区域。未来,他会不断提升"梨树模式",为世界的黑土地保护提供"中国方案"。

千辛万苦建总部——建成梨树实验站前前后后

我们一直在强调系统思维,办好黑土地的事情,一定要想得周全,想得系统,为长远打算。我们选出了试验地块,几十位专家学者及团队来到黑土地,我们就应该为他们提供尽可能好的科研条件。纵观全国乃至全世界,大多科研成果的产生,是来自实验室、实验站。我们应该为专家们提供好的平台,更要提供好的服务。

2010年8月21日,中国农业大学副校长孙其信、中国科学院院士武维华、中国农业大学科研院常务副院长高旺盛、基地管理处处长吴海芹、基地办公室主任野秀芬等学校领导来到梨树县视察中国农业大学吉林梨树实验站建设情况。视察小组先后视察了位于梨树镇泉眼沟村的中国农业大学吉林梨树实验站试验基地、梨树镇高家村试验基地和实验站培训办公楼。梨树县就配合实验站建设开展的工作情况做了报告，中国农业大学资源与环境学院任图生教授做了实验站总体建设情况汇报。

梨树县克服各种困难，在财政紧张的情况下，无偿提供了一座1500多平方米的集办公、实验、电教、住宿于一体的综合楼，作为黑土地保护利用的实验站。2011年9月28日，中国农业大学吉林梨树实验站揭牌仪式在梨树镇泉眼沟村举行。中国农业大学校长柯炳生、校长助理龚元石等校领导，梨树县委、县政府及相关部门领导和农业科技人员、科技示范户代表参加了此次揭牌仪式。

梨树县委与时俱进地看待黑土地保护科学研究实验站发展建设，用发展的眼光和胸怀，不断努力将实验站办得更加符合时代的要求。2015年，当时的县领导，在全国各地实验站进行了考察，经过与中国农业大学校长柯炳生沟通，最后一致认为，在梨树的实验站，是以我国东北典型黑土为研究基础，通过开展作物及其环境过程的系统监测研究，为东北平原农业实现高产、高效和可持续发展提供调控技术体系，为中国农业大学师生开展农学、资源与环境等学科的教学和科研提供综合性野外基地。实验站承担梨树县与中国农业大学的接洽联络和合作项目的日常管理等工作；承办梨树黑土地论坛，开展学术交流、农业科技培训；研究、示范和推广现代农业新技术、农作物新品种，为农业可持续发展提供技术保障。梨树有责任、有能力建设一个世界第一的黑土地保护利用的实验站。

于是，2015年动工，2017年交付使用的中国农业大学吉林梨树实验站，在梨树以全新的形象站立起来。重新建设的办公楼 16 000 平方米，总占地面积 2.3 万平方米。现代农业科研、教学、培训、试验示范基地 100 公顷，其中核心基地 20 公顷。

如今的梨树县中国农业大学吉林梨树实验站，一间间实验室整齐排列，一个个示范项目周密部署，一次次学术研讨会成功召开，一群群接受培训的学生、农民从大楼里走出……粒大饱满的玉米、长势良好的青菜让人目不暇接，站内的大屏幕上显示着实时数据，各类瓜果蔬菜生长的全过程都在实验研究和监控的范围内。

实验站从 2012 年开始相继被授予"吉林省农业标准化示范专家服务基地""国家农业科技创新与集成示范基地"称号，"中国农业大学新农村发展研究院梨树教授工作站""国土资源部农用土地质量与监控及土地整治重点实验室科研工作站""梨树黑土地保护与应用院士工作站""国家黑土地现代农业研究院"等科研机构相继落户实验站。

齐心协力建基金——专项引导性基金助力免耕播种机规模扩大

新中国成立前夕，毛泽东同志指出，严重的问题是教育农民。今天这句话仍然符合黑土地保护过程农村的实情。与时俱进地思考问题，对农民的教育和引导，不仅是在政策思想上的教育，而且还应该加强政策的引导和资金的支持。构建财政支撑和融资体系，以持续不断的投入确保黑土地资源得到永续保护与合理利用。

梨树县坚持向上争取资金与自力更生筹措相结合，筹集黑土地保护利用资金。2015 年到 2018 年，共争取到上级黑土地保护项目补贴资金近 10 亿元，实施了一批黑土地保护项目。同时，他们广开思路、大胆创新，在县级层面设立了"黑土地保护利用引导基金"，平均每年投入 2 000 万元用于科技研发、人才培训和成果推广。他们还整合农业农村、发改、工信、科技等相关部门项目扶持资金，用于黑土地保护，给予农民补贴总额达 6 000 万元。完善了"政府＋银行＋担保公司"机制，建立了县域"云征信"体系、农村产权交易体系和农业保险体系这三大融资体系，为农民科学保护和合理利用黑土地提供金融支持。广大农民在黑土地保护项目实施和土地流转等实践中得到了实惠，参与土地流转、土地托管，参与黑土地保护利用的积极性更加高涨。黑土地保护工作的整体运作，在农民中有了实实在在的基础。

流转土地建体系——科研基地现成果

农业的科研成果，生成在实验室，结果必然落实在土地上。每年几十位顶尖专家学者及他们所带的团队、20 家高等学校和科研机构，在梨树实验站研究探索黑土地保护性耕作的途径，从事黑土地保护利用方面的科学研究和技术推广工作。这些团队，每个团队都有自己的研究方向，每个团队都有自己的研究项目，这就需要为他们的研究成果走出实验室落在大地上提供方便的条件。伴随着各个团队技术研究不断深化和技术体系不断成熟，逐步构建起不同层级、不同区位的试验示范基地，让广大农民在身边就能看到技术应用的实实在在效果。2007 年由中国科学院沈阳应用生态研究所张旭东研究员牵头，在梨树县中部黑土区和西北部风沙区建立了 3 个研究示范基地，并开展相应的研究示范工作。2010 年 3 月，梨树县梨树镇高家村示范基地，被中国科学院确定为中国科学院保护性耕作研发基地。当年，梨树县境内的研究示范基地已扩展为 8 个，总面积约 3 万亩，覆盖梨树县各个不同区域，也代表了吉林省大部分典型农区的基本情况。

梨树县与中国科学院等 14 家科研机构建立战略合作关系，建成了占地面积达 3 000 亩的黑土地保护利用研发基地，为比较和展示不同耕作模式下保护性耕作效果，先后建立了 10 种耕地模式展示基地。

这些具有国内最先进理念、最前沿技术、最强研发实力的团队，在基地既各展"绝技"，又联合攻关，研发出了辐射东北地区、具备国际影响力的秸秆全覆盖免耕栽培技术，创建了保护性耕作技术体系，在国内率先解决了东北黑土区玉米连作、秸秆焚烧导致的土壤退化以及衍生的环境问题。

四、 黑土地上农民的呼声

人民，只有人民，才是创造世界历史的动力。农民有着发家致富的愿望，更有着愿意学习、接受创新技术的愿望。他们愿意接受专家的先进理念，愿意按专家的方法经营土地；他们强烈呼唤黑土地保护性耕作模式。众多的基层干部同心同德的奋斗，成百上千的农技推广站全心全意的引领，千千万万广大的农民实实在在的耕作，把黑土地保护的理念落在了大地上。

揣家洼子村支部书记崔忠臣——满嘴起泡也要干

村书记不是官，但同样责任重大。"上边儿千根线，底下一根针"，很多事情都得由他们在农村落实。他们的主张、言行，在村里面是非常起作用的。

2007年5月5—7日，各村的书记都来到高家村试验田观看玉米保护性耕作示范。面对试验田里秸秆横竖不一，杂乱无章，这些种了多年地的老农民议论起来。"这地咋能这么种呢？""还是赶紧把地整干净了吧。""这乱七八糟的，整不好，非得丢年成不可。"也有些村书记，看完了并没有吱声，而是在心里琢磨着自己村里的事儿。过了一段时间，有些书记又跑来看试验田的状况。这时的试验田出苗了，而且苗的整齐度和均匀度达到了前所未有的效果。有一位叫崔忠臣的村书记，主动找到王贵满和他说，"能不能我们村也用这种方式来种地"。王贵满激了一下他，"这你得先看好喽，别打退堂鼓。还得看老百姓认不认账，得说话算数！"崔忠臣的声音当时就抬起来了，"我一个村书记，说话能不算数？你也知道，我那儿有万亩方，这技术太适合我们那里了。我一定要整！"

2008 年年初，时任林海镇揣家洼子村支部书记的崔忠臣成了"第一个敢吃螃蟹的人"。王贵满把保护性耕作模式推广的第一个站点就定在了他们村。崔忠臣没有想到，多少年来，"三铲四镗"的精耕细作，已经成为农民种地的自然规则，现在推广新技术实在太难了。整个初春，崔书记天天都在走家串户，苦口婆心地给大家讲这种技术的好处和作用。真可以说是"跑断了腿、累折了腰，好鞋掉了跟，满嘴起大泡"。有时，他还把王贵满拉来当说客，好说歹说，总算把保护性耕作模式落到了他们村。第一年由于实施面积小，垄距改变作业不配套，秸秆覆盖量过大导致出苗晚等，推广效果不理想。崔忠臣找王贵满反映问题，争取到农技推广总站的支持。保护性耕作团队成员经常跑到地里，积极研究对策，完善技术措施，解决问题。功夫不负有心人，崔忠臣的"万亩方"重现生机和活力。现在的林海镇揣家洼子村早已实现了保护性耕作模式的整村覆盖。

崔忠臣在村书记当中，头抬了起来，胸挺了起来，每天都是笑呵呵的，而且还会很虚心、很耐心地和别人讲保护性耕作模式的好处，给村里带来的丰收和变化，有时还会被拉到某村去介绍经验。在他的带领带动下，先是一个村接一个村地实施这种耕作模式，然后是一个镇接一个镇地实施这种耕作模式；到后来，一个县接着一个县，都在推广这种保护性耕作模式，如今已经推广到全省，乃至全东北了。

双辽市农业机械化技术推广站原站长吴冠军
——上书国务院

人和人的交往，讲求的是缘分；人和人的相处，讲求的是共同的兴趣和爱好。往往因为一项工作，一个事情就把几个人连到了一起，成为共同发展、共同进步的一个机缘。

吴冠军是双辽市农业机械化技术推广站原站长，他和王贵满因为黑土地保护性耕作的实施，再加上工作上的接触，成了非常好的朋友。受王贵满的影响，他在双辽也在大力推进黑土地保护性耕作方式。多年的工作经验以及在双辽保护性耕作的实践成果，使得他对推广保护性耕作情有独钟。2012 年，政府在大力推广地膜覆盖技术。他整天泡在地里，看着白花花的塑料布，他很纠结。他懂得，地膜覆盖虽然具有保土保水作用，但是残膜留在地里，降解的时间会很长，必然要产生白色垃圾，时间长了，自然就会形成白色污染，对农业生产会产生不可估量的不良影响。

他看在眼里，急在心上。他深入田间地头，劝阻农民要用保护性耕作模式，可农民不听他的，说这是上边安排。他又向县里反映，县里的回应也是按上级的要求办。这真是"上天无路，入地无门"，他越想越着急，越想越没有办法……

一天早晨，这位阅历丰富的农机站长，看着升起的太阳，脑海里灵光一闪，眼前一亮，想起了毛泽东在 1944 年《为人民服务》的一段话："'精兵简政'这一条意见，就是党外人士李鼎铭先生提出来的；他提得好，对人民有好处，我们就采用了。只要我们为人民的利益坚持好的，为人民的利益改正错的，我们这个队伍就一定会兴旺起来。"日思夜想的吴冠军，就是一个信念：为老百姓着想，为黑土地着想。他必须向上边反映：推广保护性耕作模式既节能又环保，是替代地膜行之有效的好技术。于是，他顶着压力上书国务院、农业部，说明了地膜覆盖的弊端和秸秆覆盖的好处。随着时代的发展，我国各地已经因地制宜、实事求是地采用各种适合本地的种植方式，有的已经取消大田作物栽培用地膜覆盖的做法。

协力村村民杨喜国——宁可离婚也得这么种

东北农村的习俗是"二亩地一头牛，老婆孩子热炕头"，男耕女织，过红火的日子。秋天，把苞米秆子收拾得干干净净；春天，翻地起垄，开始播种。等到了 21 世纪，耕作方式变了。这种变化中，有许多黑土地上的人间烟火，有很多有趣的故事。

在黑土地上，最不缺乏的是农民发家致富的梦想，更不缺乏的是愿意学习、增产增收的强烈愿望。吉林省双辽市卧虎镇协力村是实施保护性耕作较早的村。2010年，村民杨喜国看到这项技术既省事又保土，别人家用了这种做法，既增产又增收，自己也想用这种做法。他觉得自己在村里是个"屯不错"，既有脑子，又有能耐，决定在自家的承包田里使用保护性耕作模式。

他是个汉子，可他有点太大男子主义了。在农村，地是一个家庭的命根子，是生活的来源。这么大的事儿，他竟然没有跟媳妇商量，就自作主张了。到了春天播种的时候，媳妇到地里"检查"，一看横七竖八满地苞米秆子，地也不翻，垄也不起，稀里糊涂的一片埋汰地。火一下就上来了，当时就急眼了。她觉得眼前这个丈夫变了，变懒了，变得不愿意干活了。她在农村长大，对种地也是行家。她坚决要求按老办法种，非让把秸秆清理干净不可。可杨喜国就认准了这项技术，媳妇怎么说，他也不改。俩人争吵半天，就是说不到一块去。一气之下，媳妇说："你光棍，你主意正，你就和苞米秆子过吧，我跟你离婚。"一甩袖子走了。

到了秋季，他家的粮食丰收了，杨喜国的媳妇早把离婚的事给忘到大西洋去了。

五、 黑土地上建起产学研平台

习近平总书记曾经说过，要发挥我国社会主义制度能够集中力量办大事的显著优势，强化党和国家对重大科技创新的领导，充分发挥市场机制作用，围绕国家战略需求，优化配置创新资源，强化国家战略科技力量，大幅提升科技攻关体系化能力，在若干重要领域形成竞争优势、赢得战略主动。

总书记的讲话，像温暖的阳光一直普照在黑土地上。梨树县委先后四届班子始终将黑土地保护工作，作为"三农"工作的重心，放大眼界，开阔胸襟，汇天下之英才，共同来保护黑土地，一起来完成保护黑土地并永续利用黑土地的中国大事儿。

构筑平台——产学研协作

2007 年以来，保护性耕作模式经历了不断丰富和完善，最终形成"梨树模式"。正是在这个过程中，经各方努力，水到渠成地构建了地方政府、科研院所、农机制造企业、技术推广部门和农民专业合作社等多个机构广泛参与的产学研一体化协作平台。为推进保护性耕作技术研发推广，以"五位一体"的新模式，建立该技术推广机制，"五位一体"模式即科研机构、高等学校、技术推广部门、农机制造企业、农机作业组织（农机合作社、家庭农场等）5 类机构整合在一起，既各司其职、各展其能，又高度统一、协作互动。

黑土有边，平台无界。平台上，政府充分发挥各个部门的职能作用，积极为黑土地的保护利用服务。平台吸引了中国农业大学、中国科学院等各高等学校和科研机构及国外的科技人员来到梨树黑土地。他们走出实验室、走进实验田，在黑土地上进行科技研发，开展自己的专项研究。平台以实验站建设为依托，拓展科学研究空间，建立高家村等 6 个研究中心，发展600 个百亩示范户、60 个千亩核心区和 20 个万亩示范片。平台强化保护性耕作的配套农业机械研发，加强知识产权的保护。如今，配套机具研发实现 7 次迭代升级，40 多种配套机具都具有自主知识产权。正是这个产学研一体化协作平台，在黑土地上，实现了秸秆全量覆盖还田少免耕技术"中国化"、免耕播种机具"国产化"、耕作技术推广"系统化"。

研究中心——各学科专家常驻实验站

梨树，在中国北纬 43°的黑土地上，沐浴着温暖的阳光，传播着黑土地保护利用的思想，正在成为黑土地农业学术成果的"诞生地"和学术交流的"胜地"。在黑土地，在梨树县，2008 年筹建的中国农业大学吉林梨树实验站，于 2011 年正式建成。3 000 亩基础设施配套齐全的实验示范基地，集 8 种黑土地保护性耕作模式于一体的展示田，吸引了中国科学院、中国农业科学院、北京师范大学、吉林省农业科学院等各高等学校、科研机构以及国外相关机构的专家学者。50 多位专家学者常年在这里从事教学、科研和推广工作，每年有 130 多名硕士、博士研究生在这里完成学业。他们先后在基地进行新技术新成果试验示范 50 余项，累计引进包括国家重点基础研究发展计划（973 计划）、国家自然科学基金项目、国家科技支撑计划和农业农村部行业计划专项等重大农业课题项目 22 项，推广应用面积 2 000 余万亩，开创了东北农业科技研发应用新模式。同时，众多的农技推广专家，在东北四省区建立了 130 个保护性耕作示范基地。通过工作站在东北四省区推广玉米秸秆覆盖全程机械化栽培技术近 1 000 万亩。

万亩示范田——规模经营土地连成片

保护性耕作技术，是在成片的土地上进行机械化作业。和王贵满谈起这个问题的时候，他觉得梨树在这方面是有坚实基础的。他回忆说，我们县有 393.8 万亩耕地，真是广阔天地大有作为。实际上，20 世纪 90 年代，我们就在全县搞了一些万亩方，用于农业技术的推广。记得 1997 年 3 月 20 日，在全国农业技术推广工作会议上，我（王贵满）就作了发言，发言的题目就是《抓住机遇、搞丰产方建设、大力普及农业科学技术》。4 月 17 日，当时的吉林省委书记来我站视察 10 万亩玉米丰产方工作，看到我们的广阔天地，他非常满意，还上手干活，扶犁种地。后来，我们又在万亩方的基础上，形成了玉米新品种展示田、土肥试验示范田、测土配方施肥展示田、利用白僵菌和赤眼蜂防治玉米螟展示田、玉米宽窄行种植展示田、大豆试验示范田、玉米高产攻关田，都是连块成片的。

　　看着他沉浸在过去的幸福中的样子，我说，那都是过去的峥嵘岁月了，如今要是再搞，特别是联产承包后土地都是个人家的了。连片原来就有，但你统一经营还是很乐观吗？

　　他顿了顿，说道，现在这个时候和过去真的是不一样，原来的土地都是连片的。但那个时候分的地，一个村就好几档，好、中、差每家都得摊上几分、几块、几垄的。这样一来，万亩方就是几户人家的地组成的了。有几根垄是老张家的，有几根垄是老李家的。虽然成片，但是他们也不一定就愿意让统一耕作，他们的理念不一样。这个问题啊，真是费了劲了。

　　传统的工作理念在他们脑海中是根深蒂固的，要想改变他们的理念，那就得用最好的方法、最见效的办法，他们才能接受。你用行政命令很难得以实现。农民是很现实的，他关键是看你的成效。我们用县推广总站，各个乡的推广站，再加上技术人员和科技人员、大学生，共同来推动推广保护性耕作模式，看着好了，他们就会参与，如果不好他们就退出，或者干脆就不参与。我们就得发挥农民认可、实际效果好的载体优势，采取合作经营的方式。党组织、党员和村里能人领办、创办合作社，吸引大家参加合作社，由合作社来组织实施培训、管理，统一进行保护性工作。

科技人员、大学生和农技推广人员对农民和农民合作社的培训讲解，手把手辅导；合作社、家庭农场的积极参与、大面积使用，使得保护性耕作模式，在万亩方上，特别是在土地连片上发挥了重要作用。保护性耕作模式的推广应用，解决了家庭经营面积小而无法机械化作业的问题。梨树县以良好的技术应用效果，发动农民走合作化道路，支持土地租赁、土地托管和带地入社，扩大保护性耕作模式的集中连片应用，推动了生产方式转变，培养了一大批重信用、懂技术、会经营、善管理的带头人。梨树县农民专业合作社和家庭农场发展到 3 478 个和 1 221 个，规模经营达到耕地面积一半以上，综合机械化水平达 94%。

六、 保护性耕作入东北

民族的，才是世界的。中国黑土地上的人们，苦苦追寻着有中国特色的保护性耕作模式。他们冲破了传统的翻耕技术模式，创造了养地护地经济有效的方式，建立了中国黑土区的保护性耕作技术体系，形成了玉米秸秆覆盖全程机械化种植模式。

黑土地保护性耕作研发者——首位功臣张旭东

我们比较喜欢张旭东，特别喜欢他那种典型的学者风范；他真是像孔子一样，"不知道的不说，知道的就要说明白"；更加喜欢他把中国、德国的理论实践结合到一起，为农业发展作出的贡献。我们亲切而尊敬地称他为"中德合作的使者"。

1957年出生的张旭东，是中国科学院沈阳应用生态研究所研究员，是一位很严谨的科学家，也是一位资深科学家。

1999 年，他离开德国拜罗伊特（Bayreuth）大学专职研究员的岗位回到国内，他说："希望将自己国内外的学习和工作经验结合起来，为中国农业带来创造性的东西。"

2002 年，他就带领团队在东北黑土区开展考察调研，了解情况，发现问题，研究对策。他惊讶地发现，由于长期的重用轻养，原本肥沃的黑土地不堪重负，变"瘦"了，黑土层变"薄"了。

2006 年，他与梨树县农业技术推广总站站长王贵满等人合作，确定将梨树镇高家村的 15 公顷耕地作为保护性耕作试验示范基地，并开始探索和研发适合东北气候特征和土壤特性的玉米秸秆覆盖免耕（保护性耕作）技术。

2007 年 5 月 5—7 日，在高家村建立了东北玉米保护性耕作试验示范区，开启了黑土地保护性耕作的技术模式研发和评价工作，为保护性耕作落地生根奠定基础。

2008 年 8 月 24 日，张旭东研究员考察梨树实验站玉米秸秆覆盖试验田。

2010 年 3 月 27 日，由中国科学院沈阳应用生态研究所主办，由梨树县农业技术推广总站承办的北方玉米带秸秆覆盖免耕技术攻关研讨会召开，为设立于梨树镇高家村的中国科学院保护性耕作研发基地揭牌。

2013 年 7 月 5 日，张旭东到四棵树乡查看秸秆免耕全覆盖玉米长势情况。

张旭东看问题视角比较宽，研究问题比较深，而且勇于坚持自己的观点，只要自己认为是正确的，就绝不妥协，一干到底。他看到东北黑土区环境的日益恶化，严重制约了东北农业生产能力的时候，就觉得解决土壤退化、加强黑土地保护问题已经迫在眉睫，变得刻不容缓。于是，他针对黑土农田系统养分循环不畅、肥料利用效率低等问题，系统深入地研究了东北黑土氮素微生物转化的过渡特性以及调控过程，根据土壤氮素固持的微生物学过程和机制，提出了"土壤有效氮过渡库"的理论。"'土壤有效氮过渡库'就好像'骆驼的驼峰'，同时具有储存和释放养分的功能。"团队成员、沈阳应用生态研究所研究员何红波打了一个形象的比方，"肥料氮素在土壤微生物的转化下，储存到这个'驼峰'中，按需释放补充，周而复始增加黑土肥力。"

张旭东结合以往的研究基础，在分析总结美国、加拿大等国免耕栽培技术的基础上，和其他科技工作者一起，引进研发黑土区的保护性耕作技术体系，不断探索建立玉米秸秆覆盖全程机械化种植模式与科学原理。

坚持真理，坚守自己的学术主张，为推动事业的发展和社会进步作贡献，这一直是张旭东的追求。他认为免耕或者少耕保护了土壤的原生态特性，为土壤生物提供了良好的生存空间，不仅可以促进土壤动物对土壤结构的改良，还能提高土壤微生物的多样性，促进土壤养分的循环和积累，让黑土重新焕发生机和活力。

事实上，保护性耕作实施以来，作物秸秆的覆盖还田就像给土壤盖上了一层"被子",可以降低土壤的风蚀和水蚀,又能够增加土壤蓄水保墒的能力。同时,这层秸秆又像滋养大地皮肤的"面膜",提高土壤的碳储量和肥力,既缓解了大气碳浓度升高造成的气候变化问题,又减少了化肥的使用,促进了农业发展的节本增效。

和张旭东一同来到梨树县,并长期在高家村坚守的沈阳应用生态研究所研究员解宏图说,经过十多年的秸秆还田和免耕播种,试验田土壤有机质含量从 2007 年的 2.3% 增加到 2018 年的 2.8%;如果有 30% 的土地覆盖秸秆,可减少 70% 的风蚀;有秸秆覆盖的农田,每平方米生活着 60~100 条蚯蚓,无秸秆覆盖情况下一般很难见到蚯蚓。这 3 组数据说明了保护性耕作技术在培肥地力、减少风水侵蚀、提高土壤生物性状等方面效果显著。

从 2006 年张旭东第一次来梨树县,确定高家村实验地块开始,经历了 17 个年头的峥嵘岁月,他和团队依然往返于东北玉米种植带的各个乡村,推广玉米秸秆全覆盖免耕技术,教当地农户如何用好、养好黑土地。

为了推广保护性耕作技术,张旭东的团队跑遍了东北的农业县。从春耕到秋收,每年从沈阳出发"巡点",他们走遍了东北玉米带的 61 个示范基地,行程近 3 000 公里,扎根东北黑土地,多年如一日地推广玉米秸秆覆盖免耕栽培保护性耕作技术。

解宏图说,为了让保护性耕作技术更好地惠及广大农民,当年我们和康达农机公司一起研发了我国第一台免耕播种机，后来又研制了配套机械。今后，我们要下更大的力气来推广"梨树模式"。

经常和张旭东、解宏图在一起工作的王贵满说，张旭东等农业专家既是黑土地保护方式研发的"志愿者"，更是功臣，也是黑土地的"守望者"，他们为黑土地保护事业作出了重要贡献。

第一块试验田——秸秆覆盖免耕技术的主场

多年来，黑土地的迷茫，基层干部的愁盼，农民群众的呼喊，一直是农技推广者的心病。如何保护黑土、解决土壤退化问题，王贵满和赵丽娟、王艳丽这三位农技推广总站的研究员、正副站长，始终在苦苦探讨着、研究着……

几乎与他们同步，全国各科研院所、高等学校的科研团队，关注热爱黑土地的人，院士、专家都在研究黑土地保护的对策。张旭东研究员、张晓平研究员、解宏图博士也在认真研究着"由于长期的重用轻养，原本肥沃的黑土地不甚重负，变'瘦'了，黑土层变'薄'了，黑土地严重退化了"问题的对策。

2006年，张旭东研究员对东北黑土地进行了广泛调研，在有了一定的研究成果的基础上，他和中国科学院东北地理与农业生态研究所张晓平研究员想把研究成果落在地上。他要在东北寻找一块实验基地做保护性耕作研究。他俩没有选择辽宁和黑龙江，而是选择了吉林。经过多次沟通，在时任吉林省土壤肥料总站副站长马兵的引见下，他们来到了有黑土地保护研究基础并在农技推广方面成绩显著的吉林省梨树县，找到农技推广总站站长王贵满。几个黑土地保护性耕作研究的行家一见如故，进行了认真的探讨和交流。

张旭东平时言语不多，可谈起黑土地保护研究方面的事，他可是侃侃而谈。他先是介绍了他的团队以往的研究基础和初步成效，接着又说："要在我们前期研究的基础上，在分析总结美国、加拿大等国免耕栽培技术的基础上，我们大家一起，来研发出中国黑土区的保护性耕作技术体系，建立玉米秸秆覆盖全程机械化种植模式。"

真是"英雄所见略同"。王贵满当即表示："我们这十多年不断地研究、试验，可以说做法是和旭东研究员的理念殊途同归，这是养地护地最经济有效的方式！我们完全赞同秸秆覆盖还田的理念，我管它叫给黑土地盖上了一层'被子'。"

"你这是天下第一大被子呀，有气魄！"

"哈哈，别说还真挺形象。"

几个人唠得火热，核心就是秸秆覆盖还田。他们认为，传统的翻耕技术，破坏了地表秸秆的保护层，扰动了土壤中动物和微生物，使土壤的生态和生产功能退化。要是用秸秆覆盖还田少免耕的方式，就能蓄水保墒、培肥土壤、减少侵蚀、稳产高产、保护生物多样性、降本减排、绿色生产，实现粮食安全与气候变化缓解的协同增效。

灵魂的共振，思维的同频，让几个人激情澎湃。当即确定，将高家村的一块 225 亩的耕地作为保护性耕作秸秆覆盖还田试验示范基地。

2007 年 3 月 3 日，马兵又陪张旭东来到梨树县，落实保护性耕作栽培项目合作事宜。与梨树县政府签订了长期合作协议，中国第一块保护性耕作基地在梨树县诞生。为后来的"梨树模式"形成，奠定了坚实的基础，跨出了关键的一步。

2010 年 3 月 27 日，由中国科学院沈阳应用生态研究所主办，由梨树县农业技术推广总站承办的"北方玉米带秸秆覆盖免耕技术攻关研讨会"召开，为设立于梨树镇高家村的中国科学院保护性耕作研发基地揭牌。

实际上，张旭东牵头的保护性研究，在梨树县中部黑土区和西北部风沙区共建立了 3 个研究示范基地，开展相应的研究示范工作。

在秸秆覆盖免耕技术研究示范工作中，中国科学院沈阳应用生态研究所研究员解宏图发挥了不可替代的重要作用。他全力转化推广技术成果，让保护性耕作"梨树模式"造福黑土地。他组织带领科技人员，深入合作社与家庭农场切实了解需求，实地提供有针对性的现场技术指导，主编印发培训书籍资料，每年乡村技术指导行程超过 3 万公里，培训农民 5 千余人。积极参与创建了"五＋"链条式保护性耕作技术推广模式，促进了技术成果的转化应用。他作为张旭东团队核心成员，18 年来坚持不懈开展保护性耕作技术的研究、创新、示范工作。无畏酷暑严寒，不惧日夜兼程，一年里整个农事季节的大部分时间，他都坚守在梨树县高家村的研发基地田间，研究保护性耕作技术模式、农机配套技术、示范推广体系，并总结出了技术领先、转化可行、可复制、可推广的解决方案和建议意见。

高性能免耕播种机启动者——农民最欢迎的人关义新

在黑土地保护利用的工作中，我结识了中国科学院东北地理与农业生态研究所的关义新研究员。在后来的交流中，给我最深的印象是：他，攻克了我国高性能免耕播种机研制与产业化的难关！

工作的关系，对这样的研究员我很想读懂他。在与王贵满的接触和交谈中，我更进一步了解了关义新研究员。在王贵满口中，关义新是为了保护黑土地，为了守护东北大粮仓，在梨树扎根数十年，面朝黑土背朝天，将宝贵青春奉献梨树，把科研论文书写在这片黑土地上的研究员。关义新在"十五"攻关中，将工作重点放在一般土壤肥力下的高产攻关工作，研究探索优质高产的理论与技术。那时候，关义新的实验基地就在梨树县八里庙子村，对于这片土地，他有着特殊的感情。

有一天，关义新看张旭东研究员在保护性耕作基地做示范展示。看到基地实验田播种时使用的是张旭东带来的美国生产的免耕播种机，作业效果前所未有。他在羡慕的同时，心里就萌动了一些想法。后来，在一次田间查苗后的晚餐上，看到苗

全、苗壮，这样的长势，大家自然就有了美好的畅想。当谈及
"如何将保护性耕作技术在全国推广"的话题时，关义新说：
"让秸秆覆盖还田大面积推开去，免耕播种机必不可少，这是
充分必要条件！"他大胆地提出研发免耕播种机的想法，当即
得到在场的张旭东、王贵满的认可。时任试验田所在公司负责
人苗全觉得和自己的想法非常合拍，很是认可。几个人商定就
用现有的占地 15 公顷的高家村保护性耕作试验示范基地做研
发基地，深入研究保护性耕作玉米种植技术和配套方案，继续
研究基地开发、建设、推广办法，关义新、苗全重点负责免耕
播种机的研发。接下来的日子里，王贵满自筹了 10 万元作为
免耕播种机开发第一笔经费，开始了这一既艰难又伟大的事
业，玉米保护性少免耕全程机械化发展之路正式启程。

关义新可算是接了个千辛万苦、困难重重的大活。保护性
耕作离不开免耕播种机，国内又没有这种产品，而进口的免耕
播种机，不仅价格昂贵，动辄三五十万元，一般人不敢照量；
它也不适合国内的耕作习惯。关义新说："我们必须自己研发，
搞一台中国的免耕播种机！因为我国玉米生产的行距远远小于
国际通行的行距，这个瓶颈不解决，根本没有办法开展保护性
免耕玉米种植。"

国外的免耕机起步早、技术先进，关义新就和苗全带着研
发团队外出学习，攻"他山之玉"；为解决机器"水土不服"，
他们就一遍遍研磨，反复试验；团队出现分歧时，他们就正视
矛盾，用结果验证……历时 8 个月，2008 年 4 月，2BMZF 系

列免耕播种机问世。这是我国第一台玉米免耕播种机，解决了秸秆覆盖播种难的问题，使玉米播种施肥一次性精量完成作业。2009年这项成果荣获吉林省科技成果奖，专家鉴定评价："国内性能领先，基本达到国外同期先进水平，填补了东北地区高性能免耕播种机的空白。"随即，在吉林省农机管理局及农技推广总站的支持下，梨树县康达农业开发有限公司"上线"生产免耕播种机。免耕播种机被农民誉为"宝贝"。他们说，这玩意儿太好了，在覆盖秸秆的土地上，一次性地完成开沟、施肥、播种、覆土全套作业，一走一过就完活！

近日，我采访了四棵树乡三棵树村的杨青魁。这些年来，杨青魁主要是配合关义新，使用免耕播种机，领头示范秸秆覆盖玉米保护性耕作技术。他回忆说："开始用免耕机播种，来了好多看的人。看着头年收获后的玉米秆竟然还七零八落留在地里，都笑弯了腰。"恰恰当年，春旱严重，又碰上低温天气，免耕播种机播种比周边晚了1周，按照往年经验，晚1周播种，至少影响5%收成。但出苗时，当地农民着实惊呆了：出的苗居然比正常播种又多又壮，这样的出苗率，秋天收成至少增加8%～10%。果不其然，秋天收获时节，平均增产10%以上，由于是秸秆全量还田，培肥了地力，化肥用量减少20%，由于是精量播种，种子用量减少40%，种田成本大大降低。

关义新研究员技术能力很强。多年来，他始终在进行保护性耕作农艺的研究。与此同时，他以问题为导向，将工作的重心放在免耕少耕或条耕机械及其相应的种植模式的研发和示范推广上。

2010 年，他提出了引进示范国外条耕技术的建议。

2018 年，关义新与其团队成员敖曼提出了将条带耕作技术应用于我国东北地区保护性耕作。同年，团队研制出适合我国东北地区保护性耕作的条带耕作样板机，实现了农机与农艺的有机结合。

2019 年开始，条带耕作技术培训和田间展示现场会广泛开展。

2020 年，辽宁、吉林、黑龙江三省的农业农村厅联合进行条带耕作技术示范推广。目前，配套条带耕作机已完成了一代、二代两种机型的研制与产业化生产。

2020 年，关义新团队与吉林省农业机械化管理中心郑铁志研究员总结秸秆覆盖垄作少耕技术的优缺点和实际应用过程中的问题，优化、完善了其技术体系，通过作业环节及机具的改进提升垄作少耕的播种质量。

十几年来，在各级政府推动下免耕播种机技术日趋成熟，实现了产业化。目前，除吉林省康达农业机械有限公司和北京德邦大为科技股份有限公司外，还有 20 多家企业生产类似产品。该类型免耕播种机市场保有量约 7.5 万台，年完成播种面积超过 500 万公顷，已成为东北地区的主流播种机。高性能免耕播种机的快速产业化使保护性耕作技术在我国东北地区落地生根。

免耕机的诞生，解放了大批农民。如今，每到春耕季节，农民再也不用田间地头忙劳作了，而是大都开着小车，把种子化肥拉到田间地头交给农机手。免耕播种机一次作业即可完成清理秸秆、开沟、施肥、播种、覆土、镇压等工序，农民当起了"甩手掌柜"。数十年的风吹雨打，关义新经常泡在地里，他是科学家，更是一个农民。他把青春和热血奉献梨树，把智慧和能量献给大地，他是黑土地上最受欢迎的人，也是农民最需要的人。

第一代免耕播种机——苗全功不可没

东北有个著名的地方戏曲名为二人转，二人转就得是主配角搭配才能"转"得起来，转得满堂彩。人世间有很多事情也是，众人拾柴火焰高。种地也是一样，光有想法，没有家伙什儿，就种不了庄稼。技术有了，还得有和它配套的农机具来实施。

免耕播种机、深松机、收获机，这三类机具是实施玉米秸秆全覆盖免少耕栽培技术的关键机具。为了将二者有机结合，第一台免耕播种机生产，使得"梨树模式"有了雏形。到2017年，该型免耕播种机已经发展到第六代，技术性能成熟优异，完全可以替代进口产品，累计投放市场9 000余台，在全国10个省份广泛应用。同时该型机具还获得了吉林省科技成果奖，吉林省名牌产品，3项国家专利等多种荣誉。免耕播种机，深松整地联合作业机和专用收获机，都在玉米秸秆覆盖全程机械化栽培技术中得到了广泛应用。

在整个玉米秸秆覆盖全程机械化栽培技术的农机具配套研发、示范、推广过程中，我们不得不说：免耕播种机国产化全面应用——苗全功不可没！

一个人，一件事，一辈子。在北纬43°的黑土地上，王贵满是这样的人，苗全也是这样的人。王贵满是老农技，苗全是老农机。苗全在农机战线奋战了40多年，最值得欣慰的，是与免耕播种结下了不解之缘，为中国的黑土地保护性耕作事业的发展作出了贡献，收获了成功与喜悦。

他土生土长在东北黑土地，父辈为他起名"苗全"，那是对丰收的渴求与希望。"苗全"，是播种的关键，是获得丰收的重要前提，也就从父辈起了这个名字开始，就注定他的人生与播种牢牢绑定，密不可分。他一干，就是一辈子。

随着时代的发展和他个人的成长，在改革开放深入推进中，县里提出了经济改革的新举措，把苗全和一批科技人员派去领办企业，委派他到梨树县康达农业开发有限公司任总经理，领办创办农机企业。也就是从这时，真正开始了他免耕播种的人生。

2007年，张旭东来到苗全所在的企业进行保护性耕作示范时，使用了从美国购买的重型免耕播种机。他眼前一亮，第一次看到和接触免耕播种机，这真是播种的"神器"呀！这次经历让他充分意识到，免耕播种机是保护性耕作技术得以大面积推广应用的关键机具，免耕播种机性能的高低，决定了保护性耕作的成败。黑土地要大面积实施保护性耕作，必须借助免耕播种机这个"神器"。

他和王贵满一听这免耕播种机的价格，吓了一跳。这也太贵了，这老百姓也买不起呀。咱得想法整出适合中国国情的免耕播种机，让免耕播种机国产化。

也算是机缘巧合，关义新正好是当年他所在企业的负责人，并且对这种国际上最先进的免耕播种机很是了解，经王贵满一撺掇，几个人一拍即合，就在他所在的企业，率先开始了具有自主知识产权的免耕播种机研发。到 2008 年，在团队的努力下，第一台免耕播种机问世。

百炼才能成钢。基础研究很成功，可应用推广的步伐更加艰难，苗全他们，经过一次次的优化设计方案，无数次田间试验考核，听取成百上千农民、机手和农机、农业科技人员的意见，反反复复进行改制完善，到 2010 年，历经 3 年多时间，终于研发成功我国第一代（也称 1.0 版）高性能牵引式重型免耕播种机，并在农业生产中迅速推广应用，实现了与黑土地保护性耕作技术配套的关键装备国产化，解决了耕地秸秆多、播种难的问题，为保护性耕作技术推广应用，发挥了居功至伟的作用。

随着免耕播种机的推广，使用者都如获至宝。一批农民得到了解放。每到春耕季节，农民再也不用田间地头忙劳作了，把种子化肥拉到田间地头交给农机手，免耕播种机一进地，一次作业即可完成秸秆切断与清理、底肥深施与口肥浅施、种床疏松与整理、播种开沟与单粒播种、挤压覆土与重镇压、作业监控与数据远程传输等多道工序，既省时省事，又高标准高质量。

苗全考虑的不仅仅是梨树县，他想的是黑土地，想的是大东北，他到处宣传推广。梁忠臣家住黑龙江省泰来县平阳镇，2010年春天，由于他承包的水稻田育秧占用了劳动时间，坐落在西岗子的5公顷玉米田里的秸秆在地里没人清理，眼看别人家的地都播种完了，急得老梁团团转；正赶上苗全和当地县农机推广站工作人员来到村里搞保护性耕作推广，向他推荐使用免耕播种机播种，这种情况下，老梁只好依了推广人员的意见；出苗时到地里一看，比别人家的苗出得又全又齐；第二年，老梁便早早地买下了一台免耕播种机。

为了向新一代免耕播种机发起新的攻关，寻求更高、更大的舞台，在免耕播种技术装备领域走得更远，2015年，苗全来到北京德邦大为科技股份有限公司任职，担任免耕播种机研发首席专家，继续他的免耕播种机事业。他针对我国保护性耕作新需求，通过全面了解各地自然条件，广泛调研不同保护性耕作模式下免耕播种机的使用状况，认真分析存在的问题，开始了新一代高性能免耕播种机的研发。2017年，完全具有自主知识产权的新一代高性能重型免耕播种机研发成功，同时，连续多年，在黑龙江省高寒地区——佳木斯市试验免耕播种获得成功，还在黑龙江省的双城市（现哈尔滨市双城区）、大庆市、绥化市建立示范基地，均取得理想的效果。

免耕播种机投放市场后得到一致好评：其通过性、秸秆清理的彻底性、免耕入土性、施肥量的精确性、施肥位置的精确性、播种量的精确性、播种位置的精确性、覆土镇压的科学性、监控数据传输的智能性、作业的高效性等性能指标都优于同类产品，完全可以替代进口产品，满足了我国东北地区实施黑土地保护性耕作免耕播种的需要。也被业内人士称为2.0版的免耕播种机。

在这个过程中，他主持编写了《德邦大为（佳木斯）农机有限公司企业标准——免耕精量施肥播种机》，这是我国免耕播种机生产行业中第一个企业标准；还编写了3种东北区免耕播种技术规范，其中一种列入吉林省地方标准。

苗全是个在业务上精益求精的人，是一个不断追求创新的人。2020年以来，针对目前广泛应用的免耕播种机在秸秆覆盖条件下进行免耕播种存在春季土壤温度回升慢，连续免耕会造成土壤紧实度增加，机车碾压使种床平整度变差，采用先条耕后播种时会造成土壤失墒的问题，他会同中国农业大学吉林梨树实验站的科技人员创新思路，持续攻关，开发出了具有完全自主知识产权的多功能免耕播种机，这款机器一次进地即可完成秸秆清理归行、行间深松、旋耕整地、化肥深施、种床碾平压实、播种开沟、单粒播种、压底格、浅施口肥、覆土、重镇压、铺设滴灌带12道工序；克服了上述问题，实现了科学整地，合理施肥，精准播种，保墒保苗；是整地、播种环节农机农艺高度融合的典范；同时减少作业环节，降低生产成本，提高劳动效率作用明显，是黑土地保护性耕作的新装备。

正如三院院士石元春所说的"老骥伏枥，志在黑土"。苗全，作为黑土地上土生土长的"老农机"，仍然在黑土地上奋斗着，为他的免耕播种机事业苦苦追求……

免耕播种机国产化并在黑土地上全面应用，苗全功不可没！

七、 "梨树模式" 的诞生

"保护性耕作模式有多种，玉米秸秆覆盖免耕栽培技术在东北管用、受欢迎。"《农民日报》给黑土地保护性耕作"点了睛"，为玉米秸秆覆盖免耕栽培技术"起了名"，对这项新的玉米种植方式给予了认定。文章一发表，"梨树模式"就引起了多方关注。经过几年的实践，"梨树模式"在中国大地上已经成为"叫得响、推得广、高产量"的超级符号。

《农民日报》——"梨树模式"下定义

新闻舆论处在意识形态领域前沿，同人民群众的思想工作和生活联系密切，对社会舆论和社会生活产生广泛而深刻的影响。新闻舆论工作肩负着"高举旗帜、引领导向，围绕中心、服务大局，团结人民、鼓舞士气，成风化人、凝心聚力，澄清谬误、明辨是非，连接中外、沟通世界"的职责和使命。多年

来，《人民日报》《光明日报》《经济日报》《农民日报》、中央
电视台等众多的国家和省市新闻媒体，始终用它们的"时代之
眼"弘扬正能量，引领新风尚，时刻关注黑土地，时刻聚焦黑
土地保护利用的玉米秸秆覆盖免耕种植技术。

2015年9月6—8日由中国农业大学与梨树县政府联合主
办的首届梨树黑土地论坛召开。当时就有15家国家级和省级
主流媒体参加大会，并对黑土地保护利用进行了认真的采访和
新闻报道。在东北黑土区乃至神州大地引起了广泛关注。

当时《农民日报》参加首届论坛的是一个团队，他们发了
新闻报道之后，认真细致地对玉米秸秆覆盖免耕栽培技术进行
了深入分析和研究，和王贵满反复沟通，又多次来到梨树进行
探讨，在广泛征求相关部门、科研单位意见的基础上，形成了
专题报道。

2016年3月2日在《农民日报》第7版，隆重推出了
"梨树模式"。

编辑部很重视地加了"编者按"：我国玉米种植面积有5
亿余亩，春耕备耕时节，在积极引导农民做好"镰刀弯"地区
玉米调减工作的同时，玉米主产区的生产仍然不能放松。为确
保高产高效集成技术的推广应用，帮助农民精耕细作提高产
量，本期特介绍位于我国黄金玉米带的吉林省梨树县的玉米种
植模式，供农民朋友参考。

编辑部用版面头题的重要位置，发表了题为《非"镰刀
弯"地区玉米怎么种——"梨树模式"值得借鉴》的报道；介

绍了梨树县自然状况、产粮大县的荣誉和土地；讲述了自2007 年以来，许多科研单位纷纷来梨树建立各类科研基地，来自各大高校、科研机构以及国外相关机构的专家学者汇聚梨树开展科研工作……该县坚持"在利用中保护、在保护中利用"的宗旨，一直致力于恢复改良黑土地、实现农业现代化、建设优质高效可持续农田；通过联合中国科学院、中国农业大学等单位组成科研团队，用"十年磨一剑"的执着和坚持，开始了黑土地免耕农作技术体系攻关的探索，为实现黑土地资源永续利用，蹚出一条道路；从"保护性耕作——研究、示范、推广""示范基地建设——构建了两个网络体系"两方面，推介了"梨树模式"。

同版，以《玉米秸秆覆盖免耕栽培技术》为题，配置图片，从技术关键、栽培流程、免耕播种、实施播种方式、病虫害防治、秸秆覆盖还田、土壤疏松等几个方面，介绍了玉米秸秆覆盖免耕栽培技术；说明了玉米秸秆覆盖免耕栽培技术是秸秆条带覆盖、宽窄行种植、免耕播种，是减少土壤风蚀、水蚀，提高土壤肥力和抗旱能力的一项先进农业耕作技术。

"梨树模式"优化——任图生的技术措施

要将"梨树模式"的理念落在大地上，需要靠各个层级的农技推广站，靠广大的农民来实现。"梨树模式"提出后，也在不断丰富和完善，在实现农业现代化的道路上不断进步、提升。

　　"梨树模式"定位的技术模式——玉米秸秆覆盖免耕栽培技术，涵盖了黑土地保护性耕作的多种技术模式。早在2008年，中国农业大学资源与环境学院的任图生教授就来到梨树，和他的搭档李保国教授对黑土地进行了深入的考察和研究。两年之后，由他牵头，在梨树县泉眼沟村建立了占地面积56亩的试验研究基地。这个基地主要研究免耕条件下行距的最佳配比，免耕条件下的深松方法和措施，秸秆覆盖的比例和方法以及作物轮作制度体系建立等。

　　任图生是农业农村部耕地质量专家组成员，农业农村部耕地质量标准化技术委员会委员，美国土壤学会会士，长期从事保护性耕作技术研究。通过多年定位试验研究和技术示范，他制定了"梨树模式"的3种耕作技术，并编写了相应的操作规程，分别为《玉米秸秆全覆盖等行距垄作少免耕栽培技术流程规程》《玉米秸秆全覆盖等行距平作少免耕栽培技术规程》和《玉米秸秆全覆盖宽窄行少免耕栽培技术规程》，详细地制定了实施过程中的技术要求和操作要点。目前这3个规程已取得知识产权保护，并被确定为吉林省地方标准。

　　任图生认为，妥善处理当下利用与长远保护的关系，寻求黑土地可持续保护与永久获益的最佳平衡点，是保护性耕作的目标之一。"梨树模式"不仅能使当下的粮食产量不减，而且从长远上遏制了黑土地退化趋势，让耕地有了一定程度的休养生息，实现了向保护性耕作转型；不仅为黑土地科学保护与合理利用探索了技术路径，更重要的是提供了一种创新理念和思维方式，启迪黑土地上更多的粮食主产区处理好土地资源当下利用与长远保护的关系，找到最适合本地的"解决方案"，追求土地永续利用与农业效益持续增长的统一。"梨树模式"应该不断地推广、丰富、完善。

我和任图生教授相处了很久，他是一个非常可亲可敬、诚实憨厚的高级知识分子。他像农民一样朴实，没有一点儿知识分子的"范儿"。他常年深入保护性耕作的各个实验点进行考察研究，在田间地头、在农民高产竞赛大会、在科技培训现场、在科技大讲堂，常常都会见到他的身影。他和王贵满等各个省市县的农技推广站人员在不断扩大、发展"梨树模式"，使得不同的技术模式正在黑土地上得到广泛应用。

由于各地的气候状况不同，各地"梨树模式"及推广程度差异非常大，实验站的推广人员就指导各个实验点，根据当地的实际情况，对已有的模式进行调整。"梨树模式"主要有平作均匀行全覆盖免耕播种模式、宽窄行秸秆归行处理模式、秸秆耙混处理模式。而在实践中，又诞生、繁衍了一些新模式，进一步丰富、完善了"梨树模式"。

吉林省农安县在学习借鉴"梨树模式"的3种不同保护性耕作技术方式规范的基础上，结合本地实际情况，围绕解决秸秆覆盖难题，积极试验、不断创新、科学总结、注重实用，创新性地提出了依靠机械化、以秸秆覆盖处理为核心的多种保护性工作模式，并在全县积极进行示范推广。第一种方式是玉米秸秆全覆盖，秸秆分离处理机归行休闲种植，由青山口乡的鑫乾农机服务专业合作社引进示范。第二种方式是立秸秆全覆盖，宽窄行免耕种植，在永安乡农机大户中应用。第三种方式是秸秆根茬全覆盖，大垄均行免耕种植，在万金塔乡的新地农作物种植专业合作社运用。第四种方式是秸秆部分覆盖（覆盖率30%以上），宽窄行休闲免耕种植，在开安镇创新家庭农场应用。第五种方式是高留根茬宽窄行免耕种植，在永安乡丁海农机农民合作社等地应用。第六种方式是部分秸秆覆盖，宽窄行少耕种植，在合隆镇陈家店村众一种植专业合作社等地运用。

黑龙江省泰来县的土壤沙化非常严重，刮大风时可以将玉米种子或小苗直接从地里刮走。江桥镇忠臣农机合作社坚持5年秸秆覆盖，表层土颜色已开始变深，有机质明显增加，同时土壤湿度变大。同样处于恶劣气候条件下的内蒙古兴安盟乌兰浩特市的呼和马场，土壤贫瘠、沙化、干旱，非常适合用免耕秸秆覆盖技术，随着推广力度加大，当地的农民对秸秆覆盖重视程度也有所提高。

吉林省长春市九台区刘贺农业机械化专业合作社从2012年开始推广"梨树模式"，最初作业服务只有10个农户100多亩地，作业面积逐年扩大，如今已经增加到5个村400多农户，"梨树模式"作业面积达到万亩以上。

"梨树模式"——道法自然　成效斐然

"梨树模式"成功之"道"在于采用自然的方式保护与利用土壤，从而实现粮食高质量产出与耕地休养生息两不误，通过从根本上保护耕地来确保粮食安全，这也是永续发展题中之义。我们从土地中获取粮食，同时尽量减少对土地的有害干扰并尽量保持营养物质生态的循环，耕作过程也要尽量接近自然土壤的形成过程，从而形成更健康的农田生态系统。我们欣喜地看到，那些推广"梨树模式"的试点不仅玉米明显增产且长得更加强壮，蚯蚓数量也大幅度增长，实行保护性耕作方式后，黑土地上生物多样性得到恢复，农田生态系统基于自然解决方案进行了重构，逐步走向再生农业。

李保国教授在 2021 年对"梨树模式"的科学原理和显著成效进行了总结。

蓄水保墒：秸秆覆盖和免耕保持了土壤孔隙度，孔径分布均匀、连续而且稳定，因此，有较高的入渗能力和保水能力，可把雨水和灌溉水更多地保持在有效土层内。而覆盖在地表的秸秆又可减少土壤水分蒸发，在干旱时，土壤的深层水容易因毛细管作用而向上输送，所以秸秆覆盖和免耕增强了土壤的蓄水功能，提高了作物对土壤水分的利用率。据测定，秸秆覆盖免耕地块保水能力相当于增加 40～50 毫米降水。

培肥土壤：连续多年秸秆覆盖还田，土壤有机质呈递增趋势，土壤中氮、磷、钾等养分增加，表层 0～5 厘米形成有机质积累。据测定，秸秆全覆盖免耕 5 年后，土壤有机质可增加 20% 左右，减少化肥使用量 20% 左右。

减少侵蚀：风蚀和水蚀不仅恶化环境，而且带走大量肥沃的表土，同时，夏季常有短时强降雨，丘陵和缓坡地易形成径流，冲刷表层土壤，加剧侵蚀沟的形成，导致耕地被侵蚀沟切割破碎，生态系统遭到严重破坏，这是黑土地退化的主要原因。秸秆覆盖在地表，等于给土地盖上一层被子，刮风时，减少了风对土壤的侵蚀；也可防止水蚀、减少径流，有效减少田间侵蚀沟发育和演变，有助于黑土地侵蚀沟的治理。与传统耕作模式相比，实施保护性耕作平均可减少径流量60%，减少土壤流失80%左右，具有明显的防止水土流失的作用。

稳产高产：秸秆腐烂后土壤有机质含量提高，有益生物增多，土壤结构得到了改善，肥料利用率提高。在这些有利因素的综合作用下，可以保持持续稳产高产。特别是在干旱年份基本不受旱灾影响，表现出明显的增产作用。梨树镇高家村十余年的定位试验结果表明，一般平均产量比对照田高出5%～10%。

保护生物多样性：蚯蚓是"生态系统工程师"，在生态系统中它既是消费者、分解者，又是调节者。蚯蚓的活动能改善土壤结构，增强土壤的保水透气性；分解土壤有机物，提高土壤养分转化效率；提高土壤速效养分，促进植物生长；蚯蚓和蚓粪为微生物、微型土壤动物提供了生长和繁殖极良好的基质。秸秆覆盖还田显著影响蚯蚓数量和质量，质量为114条/米²，重量为18.03克/米²，而常规垄作和免耕无覆盖处理蚯蚓的数量分别为15条/米²和19条/米²，两处理质量方面的差异未达显著水平。在秸秆覆盖田块，每平方米蚯蚓的数量是常规垄作的6倍。蚯蚓数量的增加使土壤的生物性状得到了改善。另外，秸秆覆盖还为野生动植物提供掩蔽和食物，增加生物多样性。

节约成本，减少排放："梨树模式"与两次甚至多次的土壤耕作相比，免耕播种机一次作业工序即完成播种，意味着拖拉机及劳动力作业时间的减少，相同时间内可完成更多的播种面积，作业环节少，生产成本大大节约，劳动强度也明显降低。除了每公顷可节约成本1 000～1 400元外，还减少农机动力15%～20%，降低能耗25%～30%，有效降低了碳排放。

绿色生产，提高品质："梨树模式"与传统耕作模式比，在降低机械、化肥等投入的同时，还降低了作物的受旱等胁迫程度，初步研究表明降低了玉米籽粒中由于抗胁迫而产生的相关影响品质的成分。梨树县在2017年以"梨树模式"为核心技术，申请创建百万亩绿色食品原料（玉米）标准化生产基地，2019年被农业农村部授予"国家百万亩全国绿色食品原料（玉米）标准化生产基地"。同时，该基地生产的玉米比普通玉米市场价高出10～20元/吨。

助力碳中和：据科学估计，采取"梨树模式"，梨树县耕层有机质可提高2克/千克。东北地区耕层有机质如提高约1克/千克，土壤碳密度可增加2.4吨/公顷，东北耕地碳储量增加0.4亿吨，可有效助力碳中和。如此"梨树模式"就能做到粮食安全与气候变化缓解的协同增效。

八、"梨树模式" 在合作社中绽放

阳光普照大地，人在大地上幸福地生活，人与自然的和谐共生，奔涌出人类历史的长河。长河或奔腾咆哮或潺潺流水，都在演奏着人类劳作幸福的欢歌。欢歌中有一个动人的旋律，那便是合作社……

大地在发展变化着，大地上的农民也在不断地发展变化，他们创造了很多生存条件、生产方式，合作社便是人类发展历史进程中形成的一个生产组织和生产经营形式。随着时代的发展，历史的进步，合作社发展如火如荼。全世界都非常重视合作社。

2009 年 12 月 18 日，第 64 届联合国大会通过第 64/136 号决议，对合作社在经济社会发展中所起的作用给予了高度评价，认为合作社在消除贫困、增加就业、促进社会稳定方面起到了独特作用。

2011 年 3 月，联合国宣布 2012 年国际合作社年的主题是

"合作社让世界更美好"。

2012 年 10 月 16 日，"世界粮食日"的主题是"办好农业合作社，粮食安全添保障"。

2013 年 3 月 8 日，习近平总书记参加十二届全国人大江苏团审议指出：改革开放从农村破题，大包干是改革开放的先声。当时中央文件提出要建立统分结合的家庭承包责任制，但实践的结果是，"分"的积极性充分体现了，但"统"怎么适应市场经济、规模经济，始终没有得到很好的解决。新世纪十多年来，像沿海地区以及农业条件比较好的地方，在这方面都做了积极的探索，也有了一定的经验。农村合作社就是新时期推动现代农业发展、适应市场经济和规模经济的一种组织形式。

我们党十分重视合作社的发展，合作社制度已逐步成为中国一种日益重要的新的社会经济制度，它在中国将有极伟大的光明的发展前途。从 2005 年到 2023 年的中央一号文件，都有涉及农民合作社的内容。2023 年的中央一号文件指出，深入开展新型农业经营主体提升行动，支持家庭农场组建农民合作社、合作社根据发展需要办企业，带动小农户合作经营、共同增收……引导土地经营权有序流转，发展农业适度规模经营。

2006 年 10 月 31 日，《中华人民共和国农民专业合作社法》颁布，并于 2007 年 7 月 1 日开始实施。继之，《农民专业合作社登记管理条例》（已于 2022 年 3 月 1 日废止）、《农民专业合作社示范章程》公布实施，农民合作社走上依法发展的快车道。

有法律保障、政府支持、社会关心、群众参与，合作社按照服务农民、进退自由、权利平等、管理民主的要求兴办，各级党委政府扶持力度进一步加大，合作社在神州大地上蓬勃发展。

当我们把目光聚集到北纬 43°，我们会看到，合作社不断兴起、日益壮大。1999 年 4 月，梨树县夏家村农民张淑香创办了全国第一家农民合作社。当时的合作社办得风生水起，有较大的影响力，联合国教科文组织都曾经到这个合作社参观考察。之后，李京府农牧、太平百信、富邦、卢伟农机等一大批农民合作社相继成立。2008 年共青团中央、农业部等部委授予富邦农牧合作联社理事长张雨军"全国十大杰出青年农民"称号。反映农民合作社题材的电影《梨树花开》和电视剧《阳光路上》都诞生在梨树县。

这样的历史，这样的荣誉，这样的土地，这样的体量，像汹涌的浪潮推动着农民合作社不断壮大发展。

2020 年 7 月 22 日，中共中央总书记、国家主席、中央军委主席习近平深入梨树县卢伟农机农民专业合作社了解农业机械化、规模化经营等情况。

习近平总书记来到卢伟农机农民专业合作社，听取生产经营情况介绍。他强调，农民专业合作社是市场经济条件下发展适度规模经营、发展现代农业的有效组织形式，有利于提高农业科技水平、提高农民科技文化素质、提高农业综合经营效益。要积极扶持家庭农场、农民合作社等新型农业经营主体，鼓励各地因地制宜探索不同的专业合作社模式。希望乡亲们再接再厉,把合作社办得更加红火。

"当时,咱院里这一排现代化农机具吸引了总书记的目光,总书记鼓励我们把合作社办得更加红火。"卢伟一说起来就兴奋,"咱们现在老红火了,这不,新添的这台智能拖拉机正在地里干活呢。"

梨树县卢伟农机农民专业合作社是 2011 年创建的。起初,成员只有 6 户。卢伟这位在黑土地上摸爬滚打了一辈子的"老玉米",从小就感受到黑土地"一两土二两油,插根筷子也发芽"的丰润和肥沃;他经历了这些年来土地变得板结、变瘦、变馋的全过程;他知道,黑土地保护性耕作对农民是多么重要;他更知道,不去推广新技术,黑土地的问题怎么也解决不了;他靠自己的信誉,靠每年都会在地里尝试保护性耕作的"新花样",来吸引农民入社。

卢伟牢牢把握自己合作社的特长,充分利用国家农机具购置补贴政策,全面提高农机装备水平。他每年都会购买一些先进的农机,其中,100 马力以上的大型农机具就有 20 余台(套)。农机作业能力上来了,种地干活越来越不犯愁了。合作社家底也越来越殷实,春播用的免耕机、深翻机,除草灭虫的自走式喷药机,秋收用的联合收割机、玉米脱粒机……高产增效的现代农机应有尽有,覆盖农业生产的耕、种、防、收各个环节,实现了全程机械化作业。

2021 年,合作社新添置了 2 台智能拖拉机,卢伟打开手机就能调出作业轨迹，智能无人机循环作业。过去风吹日晒种地的村民们，三三两两围坐在树荫下当起了"监工"。在合作社，玉米秸秆覆盖保护性耕作技术，已呈现出技术作业耕地连片规模化、秸秆集行覆盖条耕化、免耕播种大机化、作业导航智能化的全新景象。

合作社实施"五统一"服务模式，让社员有满满的幸福感。统一农资供应、统一种植管理、统一植保服务、统一农机作业、统一烘干收储的服务模式，调动了小农户参与合作经营的积极性，切实增加了农民收入。入社农户每公顷土地纯收入可达到 1 万元以上，比不入社的农户增收 20%。

2020 年，他的合作社每公顷玉米产量达到 26 000 斤。吉林省组织开展的首批优秀乡村人才评选中，卢伟被评为"农业生产经营人才"。

如今的卢伟农机农民专业合作社，经过十余年的改革发展，成员已经发展到近 200 户，辐射带动 600 户，是一家集农业社会化服务、规模经营和新技术推广应用于一体的新型农业经营主体。农户采取带地入社、土地租赁和土地托管 3 种模式，合作社经营面积达到 690 公顷，占全村耕地面积的 86%。其中"带地入社"面积 210 公顷，占 30.4%；"土地租赁"面积 108 公顷，占 15.6%；"土地托管"面积达到 372 公顷，占 54%。通过合作社的组织带动，八里庙村基本实现了土地规模化经营，较好地解决了"谁来种地、怎样种地"的问题。同时解放了农村劳动力，参与合作经营的农民可以外出专心从事劳务输出，年人均劳务收入可达 2 万元以上。

卢伟作为合作社的当家人，带领合作社通过带地入社等多种方式，以新技术、新服务、新渠道带动众多农民增收致富。合作社还新成立了食品加工厂和电商网店，推进一二三产业融合发展，延伸农产品深加工和食品细加工产业链条。2022 年，卢伟农机农民专业合作社平均增产 11%，节约成本 6%，合作社全年累计增收 150 万元。合作社各类农机具从量到质都有了飞跃，耕、种、防、收各个环节全覆盖。入股卢伟农机农民专业合作社的农民逐渐增多，真正实现了土地变股权，农户变"股东"，种地"零"成本，收益靠分红。2017 年，卢伟农机农民专业合作社被评为国家农民合作社示范社；2018 年，卢伟被评为全国农业劳动模范，在人民大会堂受到习近平总书记等党和国家领导人接见。2022 年，中国农业大学吉林梨树实验站和吉林工程学院共同对合作社的提档升级进行了深入研究，帮助卢伟农机农民专业合作社完成了合作社管理规范化、农机手管理规范化、玉米机械化种植生产规程标准化，使卢伟农机农民专业合作社迈上了现代化管理的新征程。

"好风凭借力，送我上青云。"在广袤的黑土地上，像卢伟的合作社这样的合作社，甚至比他的合作社更大的合作社也有很多。当我们将目光聚焦到梨树县郭家店镇，我们在那里会看到一朵黑土地上的"蒲公英"，她将"梨树模式"放飞在大地上，给千家万户带来无限的幸福。韩凤香是一个地地道道农民女儿，肩负着长辈的期望，大学毕业后留在了城里奋斗，虽然事业上还算小有成绩，可离开了生她养她的黑土地，心里始终是空落落的。2008年，她选择回乡创业，带着几年来积累的资金和经验，立志要干出点名堂。创业初期最迷茫、最困难的时候，是脚下这片黑土地给了她启发和动力，把她的创业定位在土地集约化经营上。2010年，她在家乡创办了凤凰山农机农民专业合作社。创办初期，合作社发展比较艰难，只有5位社员。她便向梨树县农技推广总站求计问策，在王贵满的悉心指导下，她把入社的土地统一进行平整，开展集约化、标准化经营，全程机械化作业，并逐步从中间生产环节向两头延伸，统一购买农资、统一收购加工、统一品牌销售。随着时间的推移，越来越多的乡亲们加入了合作社。韩凤香是大学毕业，她最懂得合作社的发展需要有科技的支撑。在合作社的运营过程中，她始终运用玉米秸秆免耕覆盖种植技术。2016年，她参加了吉林省首期现代青年农场主培训。2017年，吉林省组织赴法国培训。这一趟法国之行，让她更加认识到黑土地的重要性，未来农业一定要靠科技支撑。

她始终记得，习近平总书记"中国人的饭碗任何时候都要牢牢端在自己手中"的殷殷嘱托，一直在使用"梨树模式"。她用自己经营的土地作为试验田，干给乡亲们看，带着乡亲们干！实践证明，这种保护性耕作方式不仅春天苗出得好，抗倒伏能力还特别强。大旱年间1公顷地打的粮，高出普通农户2000斤，逐渐"黑"起来的土壤，高于普通农田的产量，让越来越多的乡亲们认可了"梨树模式"。2022年，合作社将种田与畜牧业有机融合，根据吉林省"秸秆变肉"工程，采取养种养循环模式，合作社带领农户养牛。如今，合作社养殖了160头牛。与此同时，合作社探索把贫困户中有意愿的养殖户统一托管养殖合作，剩余劳动力可外出打工，合作社人数达到120多人，累计年收入达到200万元以上。这两年他们底气最足的是承接了"梨树模式"升级版、适度规模经营、新型农机具更新等项目。在技术经营战术上坚持了"五化"，即配置专业化、管理科学化、社会服务化、生产标准化、帮扶人性化，逐步实现了共同富裕。在脱贫攻坚期，合作社先后吸收了建档立卡贫困群众17人就业，为弱劳动力提供打零工机会，使他们在照顾家庭同时，每年能挣1万～3万元。2020年，有15名常年外出务工人员受疫情影响无法外出，造成家庭收入锐减。合作社第一时间为这15人提供就业岗位，人均增收4.3万元。

在黑土地上成长，在"梨树模式"中兴旺，像"蒲公英"一样绽放。凤凰山农机农民专业合作社经过多年的发展，现在已是以农机作业服务为主，养殖业为辅，多种经营的新型经营主体，拥有成员158户，拥有大型农机具68台（套），固定资产800多万元，服务带动周边5个村的1 500多户农民种植粮食作物。2021年，合作社粮食总产量超过6 500吨，利润150多万元。2022年，合作社经营土地约15 000亩，其中流转土地6 480亩、代耕代种5 850亩、全程托管2 370亩。

合作社2018年被评为国家农民合作社示范社，2021年被评为吉林省农民合作社"百强示范社"、吉林省"粮食安全宣传教育基地"。合作社理事长韩凤香，2019 年被评为吉林省劳动模范，当选吉林省第十二次党代会代表，2022 年当选第十四届全国人大代表。

"一花独放不是春，百花齐放春满园。"合作社之花在黑土地上竞相绽放，芳香四溢，晕染了黑土地，香飘了全中国。如果说卢伟是黑土地上的"老玉米"，韩凤香是黑土地上的"蒲公英"，那么，在党的阳光照耀下，黑土地上，还有满山遍野的"大豆高粱"，还有铺天盖地的"青纱帐"，他们共同绘就了"梨树模式"上合作社发展壮大的精彩华章！

梨树县委始终把农民合作社的发展壮大放在心上，一直在思想引领，重点扶持。对梨树粮食高产竞赛中涌现的科技农户，引导他们实现两个转变，即生产方式和经营方式的转变。2012 年郝双重组了双亮合作社，杨青云和王跃武等分别成立了种植合作社。2013 年 11 月 3 日，梨树县博力丰种植农民专业合作社联合社成立，研究生伍大利勇挑重担，担任联作社理事长，郝双担任党务理事。各成员合作社的理事长担任理事，他们主要由高产竞赛培养出的科技农民组成，包括郝双、宋国峰、卢伟、王跃武等，冯国忠也成为联合社的骨干。最初加盟合作社 10 个，接着就发展到 17 个。联合社的宗旨是为各个合作社服务，寻找社会各方面资源，提升成员合作社的科技水平、管理水平和赢利能力。截至 2015 年，联合社发展合作社59 个，通过融资协调贷款，帮助促进合作社流转土地 560 公顷，托管土地 850 公顷，技术服务面积 1 000 公顷。2015 年郝双的双亮合作社被评为国家农民合作社示范社，宋国峰的合作社评为吉林省示范合作社。

2015 年，在县委组织部的指导下，党员干部又领办创办了一批合作社，在符合条件的农民专业合作组织中，全部建立党组织，村党组织书记领办 294 个，成立党支部的合作经济组织 335 个。在此基础上，建立覆盖全县的合作经济组织网络联盟，实现资源共享、信息共通、合作发展。当年全县 2 708 个合作社带动 10.8 万农民致富。林海镇老坦村村民说，"现在的地，和以前不一样了。老百姓不会管，通过合作社就规划统一了。像防虫治病之类的，农技站专家指导相当到位，所以说高产是必须的。在"梨树模式"推广后，每个村、合作社都有科技特派员。实现了科技与农技推广两不误，让科技人员的脚步留在田间地头，把农民遇到的实际困难解决在田间地头，把知识带到农村来，让农民种地更加科学，更有前瞻性，能够把土地种得更加合理，为土地实行集约化经营、可持续发展奠定了非常好的基础。

2017 年 7 月 1 日，由中国合作经济学会、四平市人民政府主办，梨树县人民政府承办的"2017 中国农业合作经济论坛"，在四平万达嘉华酒店盛装启幕，来自全国各地的领导、专家及企业人员共 500 多人参加了大会。论坛以"融合绿色发展，创新合作经济"为主题，围绕绿色产业、现代化农业等议题展开深入探讨，更为农业企业进一步合作提供了宝贵的交流沟通平台。开幕式上，中国合作经济学会、中国农业合作经济论坛授予卢伟农机农民专业合作社"优秀合作社"称号。

7月2日，参加论坛的专家、企业家，来到梨树县高家村合作社、中国农业大学吉林梨树实验站等地，对"梨树模式"进行参观。嘉宾情绪高涨，为梨树这块黑土地更好地发展、经济项目的务实落地及遇到的问题建言献策，为农业的发展注入新的思想、新的活力，助力这块沃土跨入农业发展新纪元。随着农民专业合作社的合作领域不断拓宽，合作深度逐步加大，合作范围早已经从初期的蔬菜种植和畜禽养殖领域，扩展到农机、运输等各个行业，服务内容也从单纯的农业科技服务，扩展到产前、产中、产后全过程，实现小生产和大市场的无缝对接。

2018年9月19日，在首个"中国农民丰收节"之前，梨树县首届农民丰收节暨农产品展销会召开，众多勤劳智慧的农民继续在黑土地上发展"梨树模式"，众多合作社用"拿得出手，能到会上展示"的农特产品参与丰收节，在乡村振兴、推广"梨树模式"的金光大道上分享丰收的喜悦。

会上，刚被评为梨树县"芹菜大王"的张德安说："我这个合作社专门生产营销芹菜，从2008年建社到现在，已经拥有675公顷耕地，机械化种植芹菜的同时，也为散户无偿代销，特别受农民朋友的喜欢。"

梨树县乌米农民专业合作社的负责人于国辉说："2005年，我们就成立了乌米农民专业合作社，建社以来，我们始终围绕乌米种植技术推广、产品深加工、品牌价值最大化，带动入社农民脱贫。"

2020 年 7 月,梨树县启动了"双百行动",即"百名硕博生进百家合作社"的活动。将中国农业大学等高校和科研单位的百余名硕博人才派驻到合作社,推行"一对一"实地探究,为农户输送专业知识,帮基层传递生产需求。

2021 年 7 月 13 日,由农业农村部农村合作经济指导司提供指导,吉林省农业农村厅、中国农业电影电视中心主办,中国农业银行协办,中国农影全媒体运营中心、吉林省梨树县人民政府承办,"中国农业生产托管万里行"大型全媒体直播活动在梨树县精彩开幕。来自全国的"三农"与金融专家齐聚,共商全面推进乡村振兴大计,共话农业社会化服务新格局,共同分享"吉林经验""梨树模式"以及全国各典型市县的优秀案例。2021 年度吉林省农民合作社"百强示范社"颁奖仪式鼓舞人心,激励前行;与会政府产学研媒企等 30 多位代表共同发表《提升农业社会化服务质量倡议书》;举办中国农业生产托管万里行活动高峰论坛;举办"乡村振兴中国行公益盛典",活动向全国发出中国农业生产托管万里行走进典型县市招募令。本次系列活动由央视新闻移动网等多家直播平台直播,吸引数百万人在线观看。2021 年 7 月建立了梨树县博硕农业专业合作社联合社,发展合作社 100 多个,托管土地 2 000 多公顷,技术服务面积 20 000 公顷。

合作社将"梨树模式"直接入户到田,有力推动壮大了新型经营主体的发展。"梨树模式"推广应用,必须解决好家庭经营面积小而无法机械化作业的问题。梨树县以良好的技术应用效果，发动农民走合作化道路，支持土地租赁、土地托管和带地入社，扩大"梨树模式"的集中连片应用，推动了生产方式转变，培养了一大批重信用、懂技术、会经营、善管理的带头人。梨树县在下辖的每个乡镇建设 30 个百亩方，3 个千亩方，1 个万亩方，共建立 20 个万亩示范片，60 个千亩核心区，600 个百亩示范户，共覆盖 21 个乡镇，314 个村，累计面积 32 万亩。示范方以合作社为载体，以"梨树模式"作为主体技术，推进土地规模化、技术标准化、商品品牌化，为现代农业的发展奠定了基本格局。如今，梨树县农民专业合作社和家庭农场分别发展到 3 478 个和 1 221 个，规模经营达到耕地面积一半以上，综合机械化水平高达 94%。

农民专业合作社之花已经在黑土地上绚丽绽放，在全面推进乡村振兴、加快建设农业强国的征程中，作为新型农业经营主体，一定能够加快健全农业社会化服务体系，把小农户服务好、带动好；一定能够成为引领农民参与国内外市场竞争的现代农业经营组织，在全面建成社会主义现代化强国的伟大实践中，贡献无穷的智慧和磅礴的力量！

合作社，让黑土地更美好！让中国更美好！让世界更美好！

九、组建国家黑土地保护与利用科技创新联盟

奋斗在"梨树模式"推广应用第一线的人们,始终牢记习近平总书记"一定要深入总结'梨树模式',向更大的面积去推广"的厚爱与重托,组建了国家黑土地保护与利用科技创新联盟,发挥科技小院的青春力量,强化示范基地的带动作用,用砥砺前行的新脚步、刻苦钻研的新成果、农业生产的新变化,奉献了"梨树模式"推广应用的"联盟方案",绘就了"梨树模式"推广应用的壮美华章。

黑土地保护积极推动者——中国科学院院士武维华

我与武维华教授是在 2015 年相识的。当时在梨树接待的时候,寒暄了几句,他便提出要到地里去看一看,他没有休息,一连看了好几块地。后来在不断的接触中,我感觉他是一位性格直爽,具有大智慧,举重若轻,亲近土地,善于研究的

好教授。

2010 年 8 月 21 日，中国农业大学教授、中国科学院院士武维华就来到梨树县视察"中国农业大学吉林梨树实验站"建设情况。他先后视察了位于梨树镇泉眼沟村的中国农业大学吉林梨树实验站试验基地、梨树镇高家村试验基地和实验站培训办公楼，对梨树实验站开展的黑土地保护工作有了了解。

2015 年开始，武维华亲自带队，对东北的主要农作物种业发展状况进行深入调研。结果发现，东北和全国其他地区一样，主要农作物育种工作面临着资源效率低下、病虫危害加重、品种的知识产权保护不力等突出问题。为了深入实际，解决问题，他将自己团队的田间实验工作部署在梨树，研究探索玉米种子培育、品系研发。他几乎每年来吉林，多次走访调研位于梨树的黑土地保护实验基地。

在与李保国、武维华等多位教授的交流中，大家逐步形成了共识：依托中国农业大学吉林梨树实验站、中国农业大学国家黑土地现代农业研究院，围绕黑土地的保护与利用，聚集院校、科研机构、市县农技农机推广部门、龙头企业和农民合作社等单位，组建一个科研协作组织，围绕黑土地保护与利用科技创新与技术推广，引导当地广大农民应用新技术，以支撑东北地区实现农业农村现代化。

2020 年 11 月 26 日，在第六届梨树黑土地论坛上，中国农业大学、中国科学院等 17 家单位共同发起国家黑土地保护与利用科技创新联盟。

国家黑土地保护与利用科技创新联盟——脚带泥土

看着"梨树模式"推广应用地图，王贵满又回想起三年前习近平总书记与他亲切交谈时的情景，脸上露出了幸福的微笑。早在 2003 年他就组织梨树农民开始大力推广玉米保护性耕作技术，初步形成了以宽窄行栽培、秸秆全覆盖、垄侧栽培为主要内容的玉米保护性耕作技术配套体系。在运行过程中，王贵满对原来自己的理念更加充满信心，他觉得一定要坚持"保护培育黑土地，高产高效可持续"的理念，同时应该有更强大的力量参与，才能走得更远。要想办法充分调动科研单位、企业、合作社的积极性，让它们都成为合作伙伴，共同推进保护性耕作事业的发展。他和李保国、张旭东商议依托中国农业大学吉林梨树实验站和梨树农技推广总站创建一个联盟。

2014 年 12 月 27 日，由中国农业大学、中国科学院沈阳应用生态研究所、梨树县农业技术推广总站和吉林省康达农业机械有限公司联合主办的"黑土地免耕农作技术体系创新与应用研讨会"在中国农业大学召开。会上由王贵满和李保国、张旭东等专家共同倡议，由中国农业大学牵头，科研机构、高等学校、企事业单位，共 14 个理事单位参加的"黑土区免耕农作技术创新与应用联盟"成立。联盟成立后，积极推广黑土地免耕农作技术体系，让黑土地保护和农业增效、农民增收的目标同向同行，形成了"保护—收益—保护"的良性循环，推动了东北农业现代化的发展。2016 年《农民日报》整版刊发报道，称这项新的玉米种植方式为"梨树模式"。

如今，要深入总结，向更大的面积推广。王贵满和李保国研究后，找到中国农业大学武维华教授。武维华教授曾多次来梨树，多次到实验站，对东北黑土地保护与利用科技创新联盟的实际运作情况和合作社的发展情况非常了解。这次和王贵满、李保国研究"梨树模式"的推广问题，大家有了一个共同的想法：建一个跨学科、行业协同技术攻关与推广的国家级公益性科研推广组织——国家黑土地保护与利用科技创新联盟。

2020 年 11 月 26 日，在第六届梨树黑土地论坛上，中国农业大学，中国科学院等 17 家单位共同发起国家黑土地保护与利用科技创新联盟（以下简称联盟）。联盟制定了章程，成立了由中国农业大学任理事长、由 5 个单位组成的联盟理事会，领导联盟工作。联盟成员单位 120 个，其中，中国农业大学、中国科学院沈阳生态研究所、吉林农业大学等高等学校和科研机构和市、县农技、农机技术推广站，北京德邦大为科技股份有限公司等农机制造企业等 17 家，东北四省区农民合作社和家庭农场 103 家，均为联盟成员，共同致力于"梨树模式"的推广应用。

2020 年 11 月，联盟正式启动运作，根据联盟的章程、宗旨，确定发展和培育一大批以农民合作社、家庭农场为重点的技术推广基地，担当黑土地保护与利用科研课题项目，特别是"梨树模式"推广的技术创新示范和推广应用引领任务，充分发挥带动作用。在原东北黑土地保护与利用科技创新联盟试验示范基地的基础上，经社（户）自愿申报、联盟考核，在东北四省区确定 60 个农民合作社、家庭农场等为第一批联盟"梨树模式"推广基地，并授牌。第一批推广基地积极承担了一些黑土地保护与利用科技项目的田间试验任务，全力做好"梨树模式"相关示范工作，大力创新推广了"梨树模式"，进一步在各区域内发挥了引领带动作用，热情参加联盟各项活动，及时、细致地上报了相关数据信息，展现了联盟团队的力量。

联盟充分发挥所依托大学、科研机构等各级农业科技团队的优势，组织基地开展"梨树模式"创新示范，在技术指导、信息共享、队伍培养、承担项目等方面给予支持和帮助，指导破解技术难题，带动合作社、家庭农场等发展壮大，为推广保护性耕作"梨树模式"、保护好黑土地作出新的贡献。

辽宁省昌图县盛泰农机服务专业合作社理事长盛铁雍说："我们合作社能够成为联盟第一批推广基地，我感到很光荣，这为更好地推广应用保护性耕作带来了新机遇，注入了新动力。我们要更加积极地参加联盟活动，主动承担技术创新示范任务，努力求得中国科学院沈阳应用生态所等联盟单位更多的技术指导支持，在'梨树模式'推广中有新作为、实现新发展。"

近年来，联盟在东北四省区近 50 个县（市、区）的农民合作社、家庭农场确定了 103 个"梨树模式"推广基地，以多种方式给予了技术指导和双向交流，促进了联盟成员的发展壮大，发挥了典型带动作用。

"小机具创新，破解大难题。"联盟在向更大面积推广"梨树模式"过程中，在关键机具的创新上实现了重大突破。联盟率先组织推动了免耕播种机、条耕整地机、秸秆集行机、苗期深松机、植保无人机等关键机具装备水平的提升；服务作业能力的增强，为"梨树模式"的推广应用提供了机具装备支撑。

联盟在东北的近 60 个基地，成了"梨树模式"条耕技术的率先实施者。辽宁省铁岭县鑫昇地农机专业合作社，李生理事长积极参加联盟组织的技术培训活动，在辽宁省最先引进了条耕机，2022 年春，4 台条耕机作业，整村推进条耕技术模式，大部分地块显现出苗，也体现出产量优势，玉米获得了大丰收。在开展"梨树模式"示范的同时，他把"梨树模式"作业服务扩展到本县丘陵半山区，同时还开展了农作物兼作保护性耕作试验，都取得了较好的效果。为了使更多人了解、接受"梨树模式"，社里还自己录制"梨树模式"小视频，在快手等媒体上进行宣传；建立保护性耕作微信群；请专家到合作社开展技术培训讲座；积极配合铁岭县、铁岭市有关部门组织"梨树模式"机具现场演示会，大力进行"梨树模式"的普及宣传。合作社和李生先后被评为联盟工作活动先进单位和先进个人。

黑龙江省安达市庄稼人合作社基地、哈尔滨市双城区昱儒合作社基地"梨树模式"条耕都达数千亩以上。吉林省榆树市晨辉合作社基地，"梨树模式"条耕技术推广面积达 6 000 多亩，出苗齐好，抗逆性强，活秆成熟，2022 年又赢得一个大丰收。以"梨树模式"为载体，不少基地注意集成配套运用先进技术措施，收到实效。吉林省农安县亚宾合作社基地 200 多公顷玉米采用"梨树模式"条耕加施用农家肥技术方案，每公顷减用化肥几百斤，机械增施农家肥 25 立方米，不但为畜禽粪污处理找到最佳出路，利于农村环境卫生和培肥地力，而且减少了化肥用量，稳产增产。黑龙江省杜蒙县鸿财合作社基地，应用秸秆覆盖水肥一体化技术，玉米产量在全县冒高。吉林省榆树市占会合作社基地对 200 多公顷秸秆打包离田的地块，采用播前条耕作业处理碾压严重的待播种行，不仅免耕播种质量改善，地温也明显提高，打捆影响保护性耕作的短板问题得到破解，实现增产。

联盟成员研发的保护性耕作耕播一体机，通过省级农机产品鉴定；多个成员单位承担科技部"十四五"国家重点研发计划项目：黑土地耕地保育和粮食产能提升协同的"梨树模式"创新与示范。

2022 年 4 月 23 日晚，联盟组织了线上"梨树模式"秸秆处理整地与免耕播种应对措施商议会，针对春播期东北土壤湿度大、土质黏、散墒慢、温度回升不稳定、正常整地与播种作业有难度等难题，由专家和基地农民"梨树模式"实践专家，共同"把脉会诊"，给出指导建议。

2022 年 7 月初，联盟及时召开了联盟基地玉米长势与问题紧急分析指导线上会议，针对部分地区遭受严重的涝灾，十几位"梨树模式"推广基地负责人，与联盟成员单位的土壤、栽培、气象、农化和农机等方面的十几位专家，交流情况，分析问题，提出了要坚定信心，进一步主动出击，采取应对策略，尤其要加强后期田间管理，努力争取好的收成，并对持续搞好农田建设提出建议。会后，各单位及时精准地落实会议精神，取得了较好的效果。

联盟在工作中，不断深入总结、与时俱进地发展"梨树模式"。逐步探索形成了"高校、科研机构＋基层农技推广站＋联盟区域工作站＋推广基地"的链条式服务模式；形成了技术成果推广应用共同体，既各司其职、各展其能，又高度统一、协作互动；实现了高新农技成果与生产需求尽快有效对接；真正让"梨树模式"更快地跑遍东北大地。

时光总是欢快地行进着。早在 2015 年 12 月，原联盟举办了梨树黑土地论坛·实践篇暨梨树县高产竞赛农民研讨会。会上，教授专家交流学术，农技人员培训技术，合作社、家庭农场代表作典型发言。当时就搭建了鼓舞斗志、激励先进、交流共进的互动平台。随着"梨树模式"的推广应用，这一平台已经发展成为中国第一个"梨树模式"推广的百家争鸣平台。

2023 年 3 月 3—4 日，在联盟"梨树模式"农民研讨会上，联盟成员单位的专家，与来自实践第一线的"土专家"，围绕"梨树模式"如何提高单产、多打粮，实现保护黑土地与增加产量双赢，同台进行技术与实践交流。专家讲理论、传技术、教要点，"土专家"说实例、谈实践、唠实招，优势互补，相得益彰。

　　来自东北四省区近百家实施"梨树模式"的合作社、家庭农场参加了培训，他们普遍感到这样的培训内容与方式，既掌握不少保护性耕作增产的技术理论知识，又了解创高产的技术关键，还贴近实际，学得懂、用得上，收获是满满的。

　　在培训交流报告中，中国农业大学土壤学专家任图生教授，以理论研究数据为切入点，提出要理直气壮地宣传应用"梨树模式"；辽宁省昌图县现代农业发展服务中心副主任、研究员张军，以保护性耕作玉米高产栽培理论技术为切入点，讲授保护性耕作创出吨粮田的经验；黑土地保护性耕作先锋人物、黑龙江省杜蒙县鸿财农机合作社理事长姜洪才，以风沙干旱区保护性耕作融入滴灌技术，形成风沙干旱区秸秆覆盖密植滴灌高产技术模式，玉米亩产达 900 千克的高产效果，分享风沙干旱区提升经验。吉林省农业科学院李刚研究员，以秸秆覆盖条耕技术提升单产机制，讲授条耕技术在保护性耕作技术模式中实现"双赢"的重要作用。

　　交流培训中，梨树县文忱农资专业合作社理事长姜文忱，交流了"梨树模式"升级版现代农业单元建设做法和成效；吉林省农安县亚宾农机专业合作社理事长常亚宾，交流他们保护性耕作与施用农家肥结合应用，达到减肥、增产的效果；辽宁省调兵山市吉利农机服务专业合作社理事长刘佰权，介绍了小村坚持秸秆覆盖保护性耕作的实践经验和效果。

　　加强心智引领，推广"梨树模式"，是联盟副秘书长李社潮研究员的信念和动力。为了认真贯彻落实习近平总书记来到吉林省梨树县视察农业时所嘱托的，"让农民掌握先进农业技术，用最好的技术种出最好的粮食"，保护好最珍贵的黑土地资源，保障国家的粮食安全和生态环境安全，建设美丽乡村。2018 年年底筹建，2019 年正式创办了联盟微信群科技大讲堂。5 年来，坚持围绕推广保护性耕作和"梨树模式"这一主题举办讲座。坚持讲座不间断，每年举办讲座约 30 期，至今共举办了 130 余期。坚持科研专家与农民"土专家"同讲座，讲座不仅邀请安排高校、科研机构等专家、教师讲，基层科技推广人员讲，还邀请联盟基地合作社、家庭农场的农民"土专家"登上讲台。坚持紧密结合生产实际、有实际指导作用。根据不同时间节点、作业生产环节，保护性耕作推广中遇到的问题与难题，安排讲座交流，寻找传授破解办法与对策。坚持精心组织谋划安排，办出高质量。每年联盟都把微信群科技大讲堂作为一项主要工作，理事长、秘书长都提出指导意见；秘书处认真组织、主动协调、细致到位、及时预告，讲座后整理推送，使讲座顺利进行。

5 年来，有近百人承担交流讲座主讲任务，讲座内容有土壤、耕作、肥料、农机具、病虫害防治、播种、深松、条耕、收获、农机补贴政策等几十个方面的内容，同时几十期讲座在中国农业大学等学校学生志愿者的帮助整理下，在黑土地发布公众号、美篇上刊发推送，被近十家媒体转发，收听收看累计超过 50 万人次。

来自联盟成员单位的北京德邦大为科技股份有限公司和联

盟"梨树模式"推广基地的吉林省梨树县林海镇优粮美家庭农场主王耀武、东丰县合作社理事长赵新凯、黑龙江省杜蒙县鸿财农机合作社理事长姜洪才和长春市九台区德强家庭农场主潘丙国,从参与者、收听者、受益者不同的角度,结合生产实践,都深深感到,微信群科技大讲堂是一所技术培训学校,是不在线下见面的专家团队,是破解技术难题的智库,是学习好经验的渠道;讲授的技术要点、交流的做法经验,普遍专业性强、指导性强、实用性强、即时性强,有的还举出了实际案例,从不同方面让人受益匪浅。每月逢8的晚8点,收听讲座已成为不可落下的必修课,在推广应用"梨树模式"前行路上,可以说到了须臾不可分的程度。

如今微信群科技大讲堂办得有声有色、名声越来越响、品牌知名度越来越高、影响力持续提升、作用越来越明显,已成为联盟活动的一个品牌、一个在推广保护性耕作中颇具影响的载体、一个得到方方面面认可的"梨树模式"推广平台。

从2017年12月17日,东北第一届"康达杯"玉米秸秆覆盖机械化免耕栽培技术高产竞赛活动总结表彰大会,到2023年3月4日,"德邦大为杯""梨树模式"推广应用表彰大会,联盟和中国农业大学吉林梨树实验站,连续7年在东北四省区组织开展玉米高产竞赛活动,通过各基地之间"梨树模式"高产高效竞赛活动,进一步促进了"梨树模式"在东北黑土区的应用,推进了黑土地保护性耕作技术的集成与创新。分布在东北四省区的几十家"梨树模式"推广基地的农民合作社、家庭农场积极报名参与竞赛活动，并取得较好成绩，比东北玉米平均产量高出 30% 以上，评出一、二、三等奖获奖合作社、家庭农场近 20 家。参赛的辽宁省昌图县老城镇阳宇农机服务专业合作社的"梨树模式"高标准应用基地、"梨树模式"推广基地，在中国科学院沈阳应用生态研究所的建议与指导下，已经连续 3 年开展了秸秆全量还田保护性耕作"二比空"模式，2022 年创出亩产 1 080 千克，首次在农户保护性耕作田实现"吨粮田"，这也标志着"梨树模式"有着可挖掘的增产潜能。

联盟连续 5 年组织全国暨东北保护性耕作十件大事评选和发布，发表宣传黑土地保护文章 500 多篇。联盟理事会、秘书处成员积极主动宣传"梨树模式"，先后在《科学》《中国农业综合开发》《农业机械》《农机市场》等期刊发表论文 10 余篇；在《新京报》《吉林日报》《吉林农村报》等报纸和黑土地发布、农机新闻网等公众号上发表文章百篇以上；特别是联盟理事长、中国农业大学土地科学与技术学院院长李保国教授，先后 3 次应邀做客中央电视台，畅谈黑土地与耕地保护等话题，引起较好的社会关注和反响；充分利用新传媒，与黑土地发布共同组织了《"梨树模式"推广应用先锋》20 多期的系列报道、《基地理事长视点系列谈》等专栏宣传报道活动，传播效果得到提升；多家基地在抖音、快手平台直播"梨树模式"，培育起一批"保耕粉丝"，有的还主动加入"梨树模式"推广应用队伍。

历史是以它坚韧、执着的脚步向前行进，而人们不会忘记那些引领时代的先锋。联盟多次对各类先进进行表彰。

2020 年，联盟坚持"战疫情、保春耕、促保耕"，以共同致力引导加快实施黑土地保护性耕作行动、总结推广"梨树模式"为主线，应用面积与区域不断扩大，优势持续彰显；合作社示范基地建设得到加强，一批基地成为引领技术推广应用的样板。联盟对 2020 年取得突出成绩的试验示范基地合作社、家庭农场和成员予以表彰。

在实施推广黑土地保护性耕作过程中，一批农机合作社试验示范基地，在加快推广"梨树模式"中起到了排头兵、领头羊作用。吉林省梨树县卢伟农机合作社等 4 个合作社，被授予"梨树模式"推广应用引领奖。

围绕"梨树模式"的推广应用，吉林省康达农业机械有限公司等 8 个成员单位、试验示范基地被授予"梨树模式"机具与技术创新奖。

很多农机合作社试验示范基地，坚持"全覆盖、少动土"，高标准推广应用"梨树模式"，吉林省乾溢农业发展专业合作社联合社等 8 个合作社、家庭农场受到表彰，被授予"梨树模式"推广成效突出奖。

一批农民合作社、家庭农场，积极参加"梨树模式"的宣传普及活动，长春市九台区德强家庭农场等 6 个合作社、家庭农场，被授予"梨树模式"宣传普及工作先进单位。

参加"梨树模式"玉米高产竞赛活动的 18 个合作社、家庭农场被授于"德邦大为杯"优胜奖。

2023年3月4日，在2022年"梨树模式"推广应用表彰大会上，联盟对"梨树模式"技术指导服务先进工作者进行表彰。对31名在2022年为破解黑土地保护与利用技术难题做出显著贡献的专家、科技人员、企业工作者和媒体人员授予"梨树模式"技术指导服务先进工作者称号。

首次评选出了一批"梨树模式"推广应用先锋。近些年来，联盟汇聚引领了一大批为保护黑土地坚定不懈推广"梨树模式"的东北农技推广者、合作社与家庭农场率先实施人，在第八届梨树黑土地论坛上，对国家黑土地保护与利用科技创新联盟评选出的22个"梨树模式"推广应用先锋予以表彰奖励。

同时，有8位联盟基地农民合作社理事长在《中国农机化导报》与中国农业大学国家保护性耕作研究院联合举办的活动中，当选2022年"黑土地保护性耕作推广应用先锋"。

首次评选出一批"梨树模式"应用农民专家。2022年，为了更好地创新联盟基地建设机制、助力"梨树模式"推广应用工作、造就壮大更加专业化的保护性耕作推广队伍，联盟开展了遴选"梨树模式"农民专家工作，确定吉林省榆树市晨辉农机合作社理事长刘臣等30人为第一批"梨树模式"技术应用农民专家。

从辽河平原到松辽平原，从黑土地大粮仓到盐碱地，近年来，联盟布局在东北四省区的100多个农民合作社、家庭农场的"梨树模式"试验示范基地，坚持当好切实保护好黑土地这一"耕地中的大熊猫"的带头人,继续奋力担当起引领应用"梨树模式"保护好黑土地的先锋,以应用"梨树模式"为主业,不断进行多方面深入探索实践和总结推广,一直走在东北实施"梨树模式"行动的前列,拿出了"联盟方案""基地做法",绘就了推广应用"梨树模式"的新画卷。

沧海横流,方显英雄本色。几年来,联盟秉承"保护培育黑土地,高产高效可持续"的理念,认真落实习近平总书记的指示精神,不断深入总结"梨树模式",向更大的面积去推广。从渤海之滨到黑龙江畔,从长白山麓到大兴安岭脚下,打造了国务院通报表扬的"梨树模式"升级版——现代农业生产单元;建立了103个推广基地,推广面积达到8 000万亩;建设了"梨树模式"推广的"一带一路",已在甘肃、宁夏、新疆等地布局试点;奉献了黑土地上"梨树模式"推广应用的"联盟方案",谱写了黑土地永续保护与利用的壮美华章。

十、 黑土地上的科技小院

2023 年，作为全国最早建立的 3 个科技小院之一，黑土地上的梨树科技小院走过了 15 个年头。多年来，梨树科技小院一届又一届的懂"三农"、爱"三农"、掌握服务"三农"技能的师生们，在黑土地保护与利用的大舞台上建功立业，在"梨树模式"推广应用中辛勤劳作，为加快推进农业农村现代化贡献青春力量。

科技小院缔造者——中国工程院院士张福锁

张福锁是中国农业大学的教授。看见他，你就像看到了霞光，愿意积极向上；和他相处，你就会被他感染，产生努力工作的激情；和他共事，你就会被他熏染，生出智慧的灵光。我们是 2015 年结识的好朋友，一路分享着他走过来的很多美好时光……

2008 年，张福锁随着农业部测土配方施肥专家组来到吉林省梨树县，参观、考察高产创建活动。张福锁教授一行先后参观了四棵树乡万亩高产高效示范方、玉米膜下滴灌高产高效示范田、农户高产创建示范田、氮肥优化系列试验、高家村玉米秸秆覆盖保护性耕作技术示范、林海镇风沙土保护性耕作等当年高产创建活动的重点内容。这次梨树之行，激发了他的灵感，打开了他的思路，他开始喜欢上了梨树。

2009 年 4 月 18 日，梨树县第二届玉米高产竞赛启动，张福锁是竞赛领导小组副组长、技术指导小组组长，组员包括米国华、高强和赵丽娟。竞赛名称修改为"梨树县玉米高产高效竞赛"，这样体现出高产与化肥高效利用的双重目标。竞赛启动大会在梨树县影剧院举行，当时会场里没有暖气，真的很冷。但是里面座无虚席，坐满了渴求知识技术的农民。

2009 年 7 月 26—27 日，农业部测土配方施肥专家组组长、中国农业大学资源与环境学院院长、博士生导师张福锁教授，副院长李保国教授，副院长江荣风教授，吉林农业大学资源与环境学院院长赵兰坡教授，吉林省农业科学院环境与资源管理中心主任王立春研究员，吉林省土肥总站站长杨大成研究员等专家学者一行 26 人，在县委、县农业局领导，总站站长王贵满，副站长赵丽娟及相关科技人员的陪同下参观、考察梨树县高产创建活动。专家们在四棵树乡三棵树村开展了有 100多名农民参加的高产高效示范方技术现场咨询。这次考察实践更加坚定了张福锁的理念，"带学生来东北做玉米高产高效实践，让学生在生产实践中解答理论的困惑"。经过向上汇报、与吉林方面沟通，2009 年，中国农业大学和吉林农业大学共同建立科技小院，在梨树县开展玉米高产高效种植技术实践，试验和推广黑土地保护性耕作技术。不久后，6 名研究生陆续进驻四棵树乡三棵树村科技小院，科技小院正式在这里"安家"。成立至今，80 多名研究生在此扎根，短则一年，长则五六年。

2009 年 12 月 1 日，2009 年梨树县"科技之冬"千名科技示范户培训暨"撒可富杯"玉米高产高效竞赛表彰大会召开。张福锁、米国华、吉林农业大学资源与环境学院赵兰坡院长、高强教授，《科技日报》《农民日报》等新闻媒体记者，千余名科技示范户及获奖农户到会。大会对崔忠武等 61 名农户进行了表彰。会后，专家们针对农业生产中的关键技术进行了讲解，并同与会农民互动答疑。

张福锁在科技小院和玉米高产高效表彰大会取得轰动效应之后，他看到的是，1998 年 8 月 17 日，吉林省农民职称工作会议在梨树召开。当时就有了李春林、王玉森等 5 名农民高级技师。农民成为"科学家"，已有先例。他考虑的是如何让科技小院和当地的农技工作人员结合起来，怎样调动农民参与科技生产的积极性，把更多的农民变成"科学家"，把科学家变成"农民"。由此，科技小院和农民上下贯通，形成了发展农技推广的良好体系。

张福锁于 2017 年当选中国工程院院士。2018 年，他当选发展中国家科学院院士。他是科学家，但他还是教授，是教师。除了教学生业务知识外，他还会考虑，怎样让这些学生能够头戴露珠，脚踏泥土，扣好人生第一粒扣子；上好思政课，让大家在思想上，能够成为新时代让党放心的青年；在建设农业强国中，保持青年人应有的本色。在梨树科技小院，到了玉米生长关键期，得有 1 个多月，中国农业大学的学生们每天早晨 6 点起床，在试验田里一泡就是一整天：测土、播种，跟踪玉米生长、分析土壤数据、做施肥与土壤耕作实验，样样不落下。学生开展从种到收的全程技术跟踪，并开展联合培训、联合试种等。大量新技术得到应用，取得了良好效果。

15 年来，梨树科技小院累计培训农民 2.5 万人次，技术推广面积 3 万多公顷。在此驻扎过的研究生完成毕业论文 30 余篇，在国内核心期刊发表文章 20 余篇。科技小院还与县农技推广总站合作，将技术辐射至东北地区 300 多个合作社。

梨树科技小院——青春力量

2023 年五四青年节之际，沙野和蒋家伟代表梨树科技小院师生，与河北曲周科技小院、云南洱海科技小院和内蒙古杭锦后旗科技小院的中国农业大学研究生一起，给习近平总书记写信，汇报科技小院 15 年来的成就和学生的思想。令人十分激动的是，习近平总书记给学生们写了回信："你们在信中说，走进乡土中国深处，才深刻理解什么是实事求是、怎么去联系群众，青年人就要"自找苦吃"，说得很好。新时代中国青年就应该有这股精气神。党的二十大对建设农业强国作出部署，希望同学们志存高远、脚踏实地，把课堂学习和乡村实践紧密结合起来，厚植爱农情怀，练就兴农本领，在乡村振兴的大舞台上建功立业，为加快推进农业农村现代化、全面建设社会主义现代化国家贡献青春力量。"

2008 年冬天的一个晚上，大约 9 点。王贵满作为全国唯一来自基层农技推广系统的专家组成员，在中国农业大学的 206 会议室，与全国测土配方施肥专家组组长张福锁和负责在全国各县（市、区）安排技术示范及总结的江荣风见面，还特意邀请了两年前从美国做访问学者归国的米国华教授。王贵满重点介绍了组织 2008 年梨树县农户玉米高产竞赛的情况，诚恳邀请中国农业大学派驻师生给予指导。几位教授觉得，向梨树县这样的没有任何前期条件的地方派驻师生工作，还没有过先例。这是件大好事！去梨树县开展合作工作，目标是在黑土地上大范围实现玉米高产高效，探索黑土地的农业现代化道路，这正是科学家们的心之所往。青春朝气仍在的米国华教授决定接受这个挑战。在几个人热烈的讨论和畅想中，梨树科技小院开始了孕育……

在张福锁教授的总体指导下，通过梨树科技小院平台，中国农业大学米国华团队、吉林农业大学高强团队、吉林省农业科学院李刚团队与王贵满站长领导的吉林省梨树县农业技术推广总站紧密合作，为实现梨树县玉米大面积高产高效，探索农业现代化发展道路，不懈追求与努力，先后有 80 余名研究生参加工作，为黑土地的农业发展谱写出一曲绚丽的乐章。

米国华进入了实战状态。王贵满把一个持续了 20 年的定位田的玉米产量观测结果发给他,他根据气象资料历史数据,总结了梨树县产量变化与气候条件波动之间的关系,提出干旱与否,是决定梨树县玉米产量波动的关键因素,这为制定梨树县玉米高产技术规程提供了最基本的支撑。他还精心制定了玉米高产高效技术要点,作为"明白纸"发给参赛农户。2009年 4 月 18 日,第二届梨树县玉米高产高效竞赛在梨树县影剧院启动,影剧院里没有暖气,非常寒冷,可里面坐满了农民。这一幕,让与会的各大学师生都感觉鼻子酸酸的……

春天,米国华和高强再次来到梨树考察苗情,走访农户,进行指导。他们又安排研究生入驻梨树。米国华和高强决定把他们团队的研究生张永杰、冯国忠派到梨树县开展工作,直接住在 2008 年高产竞赛状元、四棵树乡王家桥村的崔忠武书记家里。崔书记是一个非常热爱科学技术的人,他待人真诚热情,与人相处非常融洽。他的孩子都在外地工作,家中只有老两口。米国华和高强很放心地把学生放在他那里,也把科研项目安排到他的地里。当年米国华和高强的合影,至今还挂在他家的墙上。

2009 年玉米高产高效竞赛工作取得了圆满成功,崔忠武获得冠军,张汉鹏获得亚军,刘兴军获得季军。张福锁、杨帆(农业农村部)亲临颁奖大会。大会还是在影剧院举行,依然是座无虚席。会后,获得各项奖励的农户和其他一些骨干,一共 40 多人,聚集到农业局的会议室,召开了第一次农民技术研讨会，米国华、高强、李刚、赵丽娟做点评。讨论会后来发展成为梨树黑土地论坛实践篇会议，至今仍在继续……农民参赛的热情，点燃了米国华心里的那把火，他要让这火燃遍梨树大地！于是，米国华、高强动员更多的研究生来梨树。陈延玲、芮法富、张世昌积极响应，队伍扩大到5名研究生。中国农业大学的芮玉奎老师也来到了梨树。

米国华和高强经常带领师生进行调研，那时的农民对于大学生的到来非常欢迎，学生们感受到了他们对于农业科技的渴求。学生在日志中写道："对于这样的农民，我们有什么理由不蹲在他们田间，不住到他们家里，不坐到他们炕上，不和他们同甘共苦，为我们的玉米高产而做贡献呢？"

学生们这种"自找苦吃"的想法，与农民同吃、同住、同劳动、同科研，把科研搬到农民的田间，在田间产生科技成果的愿望，强烈地感染了王贵满与米国华。他们决定：在小宽镇西河村建立科技大院，把科技留在农村。2010年3月10日9点，西河农业科技专家大院成立大会隆重召开。专家大院由合作社、中国农业大学师生和梨树县农业技术推广总站共建，院长是合作社理事长郝双，米国华担任首席科学家，主要任务是科技成果示范、科技中介服务、科技培训、组织农户参与玉米高产高效竞赛、创建百亩高产示范田（当年西河村就落实了530亩示范田）。3月的东北天气很寒冷，但是现场300余人硬是在寒风中坚持了近2个小时，脸上却挂满了笑容，真让人感动。米国华教授给郝双颁发了"农业科技专家大院"牌子。中国农业大学师生与郝双、冯亮在合作社前合影，这一时刻，也标志着梨树科技小院——由"农业科技专家大院"改名而来——的正式成立。吉林电视台为此次活动做了专题报道。

为推动保护性耕作，2010 年，梨树县农技推广总站提出针对风砂土的"555"工程。要求风砂土地区的竞赛农民采取 5 项新技术、建立 5 亩免耕技术示范田并实现 5 亩高产田。学生们协助推广总站制作了玉米秸秆覆盖免耕技术和免耕播种机光盘，并在付家街村农户中进行培训。培训在 2010 年 4 月 3 日进行，历时 1 个半小时。

为了提高工作效率，梨树小组的同学们决定对示范村"一对一"帮扶。张永杰负责王家桥村，陈延玲负责付家街村、郝静负责三棵树村、芮法富负责西河村与东万发村。学生们的工作得到了乡镇政府的支持，他们都被聘为科技村长。事后《农民日报》以"农大研究生当上'科技村长'"为题进行了报道。

2010 年 4 月 15 日，梨树县玉米高产高效竞赛启动大会暨玉米春播启动会在蔡家村的田间隆重召开。4 月 17 日，学生们分成 2 组，奔赴 2 个"根据地"进行驻村生活。一队学生 4 人（张永杰、陈延玲、郝静和张世昌）驻扎到四棵树乡三棵树村；另一队学生 2 人（芮法富、陈晓超）及芮玉奎老师驻扎到小宽镇西河村郝双的家里，也就是"专家大院"所在地。这标志着三棵树科技小院和西河科技小院实质性建立，当时他们把这 2 个地方称为 2 个工作站，2 个工作站加起来对外统称梨树科技小院。

三棵树村的科技小院所在地是一座常年闲置的二层小楼，看起来很洋气，但实际上建筑质量很低，冬天透风、夏天漏雨。睡的是大炕，取暖、做饭靠燃烧玉米秸秆。村里没有小卖部，尤其是缺少蔬菜，吃饭是当时学生们的大难题。到达当天，屋里也还没有水，杨书记热情地招待了同学们，让他们感到温暖。晚上回到驻地，温度只有零下几度，大家缩在冰冷的炕上讨论第二天的工作，但心里依然充满热情。陈晓超在日志中写到"这里没有县城的高楼、马路和美食，但是这里有良田百亩，有着最朴实最纯真的农民，这里有我们的未来和希望……我第一次体验到东北农民的生活，实在、爽快、踏实！"

师生们的到来，也把其他科技力量引到了梨树。北京星马航空科技服务有限公司来联系，在梨树开展无人机合作进行植保作业示范（6 月 24 日），胡树文老师拿来了缓控释肥料……

这一年，学生们在西河村开展的测土配方施肥工作首次被CCTV《新闻联播》栏目报道。这让学生们受到极大的鼓励。

每年在玉米出苗后和生长期间，米国华教授都会带领学生，与农技推广人员一起，在示范户田间进行定期、持续的走访以及大面积苗情调查。从中发现问题，总结问题，解决问题，与农民充分交流。在西河村，郝双发现一种当年对玉米有严重危害的地下害虫，但不知道是什么虫子。米国华教授等经过认真分析，并与植保站孟站长远程确证，最后确定是小地老虎，进而制定了防治的方案。双河乡陈大窝堡村的刘兴军是上一年（2009 年）玉米竞赛的季军，获得二等奖。他心里有股劲儿要拿到冠军，所以对组织的各项活动都积极参与，而且勇于发言，提出自己的看法。师生们走访到他的田块时，发现他玉米高产技术落实得非常好，尤其是大量施用有机肥、玉米密植和提高播种质量。他基本实现了苗全、苗匀、苗壮，为当年的高产打下良好的基础。师生们除了自己考察，还组织西河村的农民到其他高产竞赛获奖农户中去观摩，大家一起成长。

每年一度的田间现场会于 6 月 26 日举行，张福锁老师带领学科 12 名老师来观摩梨树经验，同时来的还有吉林农业大学、吉林大学、河北农业大学、吉林省农业科学院等专家领导。小院同学介绍了各项技术实验与示范效果，以及与农技推广站合作开展农民服务的成绩，获得老师们的一致好评。同年（2010 年）成立了中国农业大学梨树科技小院党支部，陈延玲任支部书记。党支部与王家桥村党支部开展了"红色 1 + 1"共建活动，两个支部的党员交流党建经验，5 月 30 日一起参观了四平革命纪念馆。六一儿童节，陈延玲带领支部和其他学生与王家桥村小学进行联谊活动，并给小学捐赠图书。2011年，米国华教授带领科技小院师生为付家街村小学捐赠电子琴一台。2012 年，梨树科技小院党支部与农技推广站党支部共建，开展"庆五四、迎七一"青年知识竞赛活动……党支部的这些工作获得北京市委和中国农业大学党委的表彰。科技小院的师生，从 2010 年 9 月 10 日就开展参赛农户的理论测产工作，在 1 280 个参赛农户中筛选出重点农户，等成熟期最终测产。当年西河村经历了涝灾、玉米螟危害等，但估计仍有 6 户农民产量达到 26 000 斤/公顷。9 月 17 日，米国华进行了简单的总结工作。9 月 22 日，科技小院师生上午到农技推广总站参加工作会议，共庆中秋。下午回到西河村，再与农民一起过中秋。在后来的岁月中，每年五一、端午、中秋、国庆等节日，王贵满站长几乎都要组织活动与科技小院学生们一起度过，农民也总是在这样的节日把学生邀请到家中坐客。这样的情谊，总是让学生们心生温暖，有了家的感觉。冯国忠说："今天我想说三句话，一是过节了，二是想家了，三是到家了。"

当人们准备喜迎国庆的时候，科技小院师生也迎来了一年中的大考——专家测产。9 月 29 日，农业部组织的专家要亲自为预筛出的高产玉米田进行实测！当天，米国华教授带领科技小院师生，配合农业部专家对每个高产示范点进行测产。测产组由全国玉米栽培学组组长李少昆带队，组员包括崔彦宏、高聚林、靳锋云、徐莉等 5 人。结果表明，玉米高产纪录达到 2.9 万斤/公顷！这大大超过了一般农户 2.0 万～2.4 万斤/公顷的水平。高产示范户平均比当地农户增产 39%！氮肥偏生产力达到 52，远超过普通农户的 44。这大大提高了农户玉米种田和采用先进科学技术的热情。在年终的农民技术研究会上，二等奖获得者冯亮说："以后农大专家让我咋干，我就咋干。"沈洋镇农民李红常则写下了这首打油诗：

> 要想粮食创高产，一靠科技二靠胆；
>
> 多听专家来讲演，测土配方化肥选；

地块选择再治碱，农家粪肥多点攒；

深松土地不能浅，选种包衣是重点；

适时早种别太晚，合理密植别太远；

种完一定精心管，发现缺苗补上墁；

旱浇涝排不能懒，病虫草害把药掸；

高秆品种要缩短，喷玉黄金棒大款；

适时晚收往后撵，产量提高有保险；

做到各项别空喊，领奖台上还露脸。

梨树科技小院把培养过的高素质农民，当成火种去点燃周边农民，让科研之火照亮大地。15 年来，科技小院为梨树培养出郝双、卢伟、宋国锋、刘海森、张文镝、王贵昌、王跃武、杨青魁、杨青云、崔忠武、冯亮、刘兴军、张汉鹏、董雅丽、陶树山等一大批优秀的科技农民，他们大多数现在还活跃在梨树县的农业生产一线。

2011 年，农民刘兴军首次突破吨粮田！9 月 29 日，由吉林省农业委员会组织，邀请中国农业大学王璞教授、吉林省农业科学院王立春研究员、吉林农业大学赵兰坡教授、吉林省土肥总站马兵研究员、吉林省农业技术推广总站的李忠华研究员组成专家组，对刘兴军的地块进行了实测。专家们冒着小雨，一丝不苟地按测产标准进行工作，最终测定结果是 1 084.9 千克/亩（32 547 斤/公顷）！玉米吨粮田诞生了！这是吉林中部地区首次由科技小院指导、由农民自主创建的吨粮田，是历年最高产量纪录，有着划时代的意义。结果，他众望所归地获得了当年的高产竞赛冠军，并获得了 1 万元的特等奖励！不仅如此，还有 22 户农民的产量超过 2.6 万斤/公顷。

梨树县首次提出要在每个乡建设"10 公顷展示田"，是在 2012 年 4 月 7 日举行的梨树县农业科技帮扶对接会暨高产高效竞赛农户培训会上。这一活动，为后续开展土地规模化经营方式创新打下了基础。这一年，郝双重组了双亮合作社，杨青云和王跃武等分别成立了种植合作社。在科技小院师生指导下，他们开始尝试连片种植，统一种植模式、品种、肥料、植保等环节，实现大面积高产。郝双领导双亮合作社取得巨大成功，111 公顷玉米产量平均达到 2.4 万～2.5 万斤/公顷，比其他合作社和散户的产量增加 15%～20%，生产成本还大大降低，为农民创造效益 24 万元。2012 年 10 月 28 日，梨树科技小院师生与农业技术推广总站召开了"规模化经营座谈会"，总结形成了"四统一分"（统一农资、统一整地、统一播种、统一管理、分散收获）经验。这就拉开了梨树县玉米生产经营方式变革、合作社大发展的序幕！

天有不测风云，人有旦夕祸福。2012 年 8 月初，东北史无前例地突然暴发二代玉米粘虫，对玉米造成重大减产。可就在这场灾害中，梨树县却独善其身。伍大利在付家街村进行实验时发现了玉米粘虫危害的玉米，受害玉米的叶片被吃得几乎不剩！他在帮助农户联系农药的同时，又调查了多个乡镇，发现粘虫危害十分普遍，有暴发趋势。他意识到了事情的严重性，于是在 8 月 7 日向王贵满汇报。王贵满一方面联系相关植保部门进行防治，另一方面及时向梨树县汇报。8月8日，梨树县农业局、推广站及植保站等相关领导亲自下乡调查核实情况，8月9日，梨树县政府火速召集各乡镇领导召开梨树县二代粘虫防治工作会议，全力打好粘虫防治战役。县政府还筹集50万元购置农药救急，对于家里劳力在外的农户，也一并帮助打药。全县齐心协力，较早地控制了粘虫危害，使其危害减小到很低。事后，四平市领导高度评价了梨树县的工作，梨树县非常重视科技小院的作用，给科技小院颁发了"虫口夺粮，功不可没"锦旗。

梨树县玉米高产高效竞赛影响深远，农业部决定在吉林全省推广玉米竞赛活动。2012年6月19日，农业部中化杯"玉米王"挑战赛在梨树科技小院所在地召开。在这次活动中，西河村勇夺中部赛区的冠亚军。

科技小院学生经历了锻炼，收获了成长。作为承前启后的小组负责人，陈延玲是这个时期的代表人物。她带领研究生们不畏艰辛，使每个研究生都发出自己的光，使团队获得最大成就。她在2012年中秋节的日志中写到："我相信，虽然住的地方有些寒冷，但大家的心里一定都是暖融融的，因为我们12个同龄人像一家人一样共度中秋之夜，共进佳肴，感觉特别幸福。"她是梨树科技小院培养的第一个博士生，获得了中国农业大学"五四青年标兵"称号。

随着2013年第一轮太阳的升起，王贵满、赵丽娟组织小院的研究生伍大利、冯国忠、方杰、曹庆军和推广总站的同志们一起讨论了"生产方式和经营方式的改变"问题，制定了规模化经营的实施计划。决定从 3 月 2—5 日，组成联合工作团队，完成对小宽村、四棵树乡、刘家馆子镇、泉眼沟村、郭家店镇等主要示范乡镇重点农户的生产经营方式、规模化经营方式的培训。

经过几年玉米高产高效竞赛活动的锤炼，那些已经掌握了玉米高产高效的窍门的农民，对规模化经营跃跃欲试。这年冬天很多优秀的科技农民成立了农民合作社，开始规模化经营。比如刘家馆子镇的宋国峰、四棵树乡的杨青云、刘海森等。而且这些科技农民很有号召力，宋国峰的合作社一成立，经营土地面积就达到了 150 公顷。

进入 4 月，科技小院开始对合作社进行大范围的技术培训，米国华教授、高强教授亲自上阵，为农民解答各种各样的技术问题，这给学生们以强有力的支持。由于科技小院学生们的工作期限一般只有 2～3 年，生产经验需要一定时间的积累，尤其是实际生产经验，这时候，教师的现场指导作用就非常重要。在梨树科技小院，指导教师们总是来到生产一线，每年走访农民田间，遇到各种各样的问题，掌握了大量的第一手经验，他们总是以身作则，亲自带领研究生培训，让研究生尽快增长才学，树立自信心，最后能独立开展工作。科技小院保留了一部分博士研究生，他们工作期限长达 5～6 年，可以起到承上启下的作用，保持科技小院工作的稳定性。

科技小院与王贵满多次讨论，认为需要成立一个组织，像组织单个科技农户那样组织合作社，在合作社水平下为农户服务。2013 年 11 月 3 日，梨树县博力丰种植农民专业合作社联合社成立，研究生伍大利勇挑重担，担任联合社理事长，郝双担任常务理事。各合作社理事长担任理事，他们主要由高产竞赛培养出的科技农民组成，包括郝双、宋国峰、卢伟、王跃武等。最初加盟合作社 10 个，接着就发展到 17 个。联合社的宗旨是为各个合作社服务，寻找社会各方面资源，提升成员合作社的科技水平、管理水平和赢利能力。当年，梨树县玉米总产达到 53 亿斤，比 2012 年增产 12 亿斤。经测算，对比一般性合作社，科技小院指导的合作社的玉米产量平均增加 13%。双亮合作社获农业部农业推广贡献奖，郝双获得 "CCTV 年度三农人物候选人" 称号。

斗转星移，当人们欢度 2014 年新年的时候，伍大利、郝双等人已经连续奋战多日，构网络、建机制、打基础。接下来，他们到西河村双亮合作社召开社员代表大会，布置 10 公顷试验田，请先正达生物科技（中国）有限公司、乐喜施公司技术人员培训。这一年，张张罗罗，忙里忙外，联合社成员达到 50 余家。联合社与化肥企业、种子企业、粮食企业、无人机植保公司、银行、新媒体等各方面的社会力量对接，努力为各农民合作社引进产品、资金、市场。科技小院始终如一地为合作社提供种植技术服务，全方位提高合作社的经营水平。这个时候，卢伟合作社的发展越来越受到关注。

早春二月，伍大利带领赵英杰、丁广歌来到在梨树镇八里庙村边的一排平房里，在仅有 3～4 间简易板房、流转面积只有 30 公顷的卢伟合作社调研。5 月，米国华教授决定把高地隙追肥机放在卢伟合作社，供合作社成员免费使用，示范机械化追肥。2016 年，米国华教授决定在卢伟合作社建立"八里庙科技小院工作站"，5 月派研究生石东峰入驻卢伟合作社，在开展农机农艺融合研究的同时，还帮助卢伟管理合作社。这标志着科技小院与卢伟合作社正式开展合作。近 8 年中，科技小院每年都会在卢伟合作社安排大量的科研与示范项目，每年在那里召开科技现场会。卢伟的合作社成为"梨树模式"发展的重要示范基地。

2014 年 6 月 21 日，科技小院召开了东北春玉米大面积高产高效与规模化实现途径研讨会。米国华汇报了几年来梨树县玉米高产高效创建和规模化经营的历程和经验。为了提升科技小院服务合作社发展的效率，决定建立一种定点帮扶的机制，每个合作社由专门的研究生进行定点帮扶。2015 年 6 月 29 日，梨树科技小院联盟成立。2015 年 7 月 4 日，东北春玉米大面积高产高效实现途径现场会在科技小院召开。米国华介绍了依托科技小院联盟机制开展规模化经营条件下的科技创新、技术示范工作。2015 年 8 月 8 日，张福锁教授又邀请朱有勇院士、刘兴土院士等知名专家考察访问了卢伟合作社和杨青云的千程合作社。

这几次活动引起了强烈反响，参与者认为梨树县的规模化经营和大面积玉米高产高效研究工作，为东北地区农业现代化发展提供了经验；科技小院很好地把人才培养与农业科技服务相结合，是青年人成长的良好课堂；研究生入驻科技小院，为农村注入了活力。

时代发展的浪潮，把科技小院推到黑土地，推向了世界。2015 年 9 月 14 日，张福锁教授邀请美国斯坦福大学的 Pamela Matson 院士和国际玉米小麦改良中心 Ivan Oritz Monasterio Rosas 研究员等 5 位国外专家访问科技小院，并实地考察了卢伟合作社。专家们高度评价了科技小院入驻合作社，开展农民参与式科研，研发可应用的成果，直接推动千千万万小农户粮食增产，农民增收的经验。后来在他们的文章中，称之为"中国的经验"。2016 年 4 月 19 日，中英国际项目筹备讨论会议在中国农业大学召开，张福锁院士邀请时任梨树县委副书记毕志杰和梨树黑土地论坛总顾问张赤到会，介绍了梨树县农业发展的机遇与挑战。2016 年 6 月 28 日，现代农业发展道路国际学术研讨会在梨树县隆重召开，大会主题是"科技的小院，世界的梨树"，这标志着"梨树模式"开始走向世界。这次会议盛况空前，包括国际专家英国皇家学会院士 Bill Davis 教授，美国宾夕法尼亚州立大学 Dou Zengxia 教授、以色列特拉维夫大学 Ram Fishman 教授等 10 人，国内专家和各领域代表共 200 多人参加会议。专家学者围绕梨树农业现代化发展积极研讨，为农业化发展出谋划策。会议取得圆满成功，"梨树模式"正在走向世界！时代的浪潮把伍大利推向高峰，他是这个时期的代表人物。伍大利是扎根梨树 6 年的研究生，为提高农民合作社经营水平，推进大面积玉米高产高效、规模化经营奉献了青春力量。他在 2013 年元旦的日志中写到："'梨树模式'将从这里开始，我们的梦想、我们的坚持在这里。冰天雪地也挡不住我们前行的步伐！挡不住科技小院前进的步伐！"

土地规模化经营实现了大面积高产高效，为现代科学技术的应用提供了新的机遇。2013 年 6 月 22 日，梨树科技小院承办了东北玉米高产高效新技术研讨会，来自中国农业科学院、吉林农业大学、黑龙江农业科学院、华南农业大学等全国 40 余名专家参加研讨。同时，科技部 973 计划、农业部 948 计划的专家，以及国际玉米小麦改良中心、国际钾肥研究所、比利时 AAMS 公司和德国施药技术研究所的外国专家也参加了会议。6 月 27 日，与会代表到科技小院所在地四棵树乡，考察了千程合作社玉米规模化经营和机械化高产高效栽培现场，现场展示了米国华教授课题组的研究成果高地隙追肥机。在付家街村风砂土区，伍大利研发的滴灌施肥系统是与国际钾肥研究所的合作项目，也引起专家们的极大兴趣。科技小院把研究成果应用到黑土地农业的发展中。过去的 15 年，科技小院先后开展了 20 余个科研项目，涉及测土配方施肥、玉米秸秆覆盖条带耕作、滴灌水肥一体化、农机农艺融合……其中，条耕技术及条耕机的引进与技术研发最具有代表性，直接促进了保护性耕作"梨树模式"的发展。

2013 年，米国华教授到欧美考察农业机械，在访问美国 Yetter 公司时眼睛一亮，他看到一种新型的土壤耕作机械——条耕机。经过与美国专家交流，他发现这种机械能够在秸秆覆盖的基础上，通过秸秆切割、除草、深松、拢土、镇压等一体化作业，在地表创造出一条耕作好的干净土壤条带，有利于播种出苗。这一作业还可以提高土壤温度，加速玉米苗的生长，这样就很大程度上解决了前面秸秆全覆盖免耕中出现的问题。同时，由于行间仍覆盖秸秆，同样起到保护地表土壤、减少水分散失的作用。米国华教授果断决定从 Yetter 公司进口 4 个作业单体。2013 年年底，他与中国农业大学工学院曾爱军教授合作，在国内研制出中国第一台条耕机，它一次作业 4 行，行间距为 60～65 厘米，耕作出的苗带可以与国产免耕播种机匹配。随后，米国华教授课题组又研发了与之适应的施肥技术、种植密度、品种等。这一新技术的应用，可以显著提高保护性耕作玉米的产量，2015 年开始在卢伟合作社试用，很快受到农民和农机人士的欢迎。很多人慕名到卢伟合作社来观摩这一机械。

条耕机的研发为保护性耕作的推广开辟了方向。受价格等方面原因的影响，当时国内还不能照搬这种条耕机进行生产，然而，条耕机清理苗带的原理得到了农民的广泛认可。很快，合作社理事长杨青云、卢伟等人想到一个解决方案，利用秸秆打包机进行改造，发明出一种秸秆归行机。秸秆归行机虽然清理了秸秆，但未耕作土壤，苗带土壤的温度仍较低。进入 2020 年，条耕技术的原理被进一步应用于保护性耕作。一些农民创新出条带旋耕的技术，生产出一种"条旋机"，这种条旋机在秸秆归行的基础上，对清理出的苗带土壤进行旋耕，提高土壤温度，进一步改善出苗质量。种植模式仍采用宽窄行。

让学生头戴露珠，脚踏泥土，扣好人生第一粒扣子；让大家在思想上，能够成为新时代让党放心的青年，是小院的方向。在三伏天钻进玉米地，连续待几个小时不出来，真是苦不堪言；有的时候，实验中的挫折还打击着他们的自信心……沙野是这个时期的又一位代表人物，他在这里工作了6年。每年从春耕到秋收，他都和同学们吃住在小院，一边开展科学研究，一边开展标准化生产单元建设工作；带领研究生，推进实施"百名硕博研究生进百家合作社行动"；在导师米国华的带领下，他和同伴们系统钻研条耕模式下玉米的生长发育和产量形成规律，从玉米品种、生物菌剂、推荐施肥等多方面优化条耕模式，为"梨树模式"推广应用做出了贡献。他说："我明年就博士毕业了，打算继续留在黑土地上搞科研。我热爱农业科研工作，就想扎根农村，为乡村振兴贡献青春力量。"

十一、 八面开花的示范基地

　　一方水土，养一方人；一块土地，出一片庄稼。找一块好地，运用好的方式研磨，就会成为样板，就能作示范；各种好的种植方式在研究基地产生，在示范基地推广、完善。以实施保护性耕作技术为核心的"梨树模式"，在梨树县的各种基地提出、发展与推广，正在东北地区乃至我国南北旱作地区大力推广和完善……由于各地的气候状况不同，各地"梨树模式"及推广程度差异非常大，各地农学、农业机械、土壤等学科大力融合，在示范基地"研磨"，发展适用于本地区的相应模式。各地实验站的推广人员指导各个实验示范基地，根据当地的实际情况，对已有的模式进行调整；各个省市县的农技推广站人员不断发挥示范基地作用，扩大、发展"梨树模式"，使得不同的技术模式在黑土地上得到广泛应用。

　　多年来，在梨树县委、县政府的支持下，农技推广总站协助各高校、科研机构，建设了中国农业大学吉林梨树实验站基地、中国科学院保护性耕作研发基地 2 个国家级实验基地，即"梨树模式"研发核心基地。2007 年由张旭东研究员牵头，在梨树县中部黑土区，西北部风沙区建立了 3 个研究示范基地，并开展相应的研究示范工作。2010 年，中国农业大学在梨树县建立了梨树实验站，建立了 300 亩集现代农业科研教学培训试验的示范基地，开展了土壤土地资源管理、植物养生、植物营养气象、生态环境科学、农学等多学科的研究分析和测试。

2013 年，依托中国农业大学吉林梨树实验站，在吉林省梨树黑土地保护与利用院士工作站和黑土区免耕农作技术创新与应用联盟的推动下，在东北地区分 3 批成立了 10 个工作站和 61 个示范基地，对梨树模式进行了广泛的宣传与推广。到 2019 年，东北四省区"梨树模式"试验示范基地已达到 61 个，其中吉林省 48 个，黑龙江省 4 个，辽宁省 8 个，内蒙古自治区 1 个，分布在 24 个县（市、区）。试验示范基地的实施主体，为各县（市、区）具有代表性的新型经营主体。他们的带动示范，推动了"梨树模式"的推广应用。

2020 年 11 月，国家黑土地保护与利用科技创新联盟决定，在东北四省区确定 60 个农民合作社、家庭农场等为第一批国家黑土地保护与利用科技创新联盟"梨树模式"推广基地，担当黑土地保护与利用科研课题项目，发挥推广"梨树模式"引领带动作用。

近年来，国家黑土地保护与利用科技创新联盟在东北四省区近 50 个县（市、区）的农民合作社、家庭农场中发展了 103 个"梨树模式"推广基地。"梨树模式"累计推广应用面积已突破 8 000 万亩。

经过几年的培育发展，各地出现不少对"梨树模式"认识水平高、技术模式成型、合作社运营规范、关键机具装备保有量大、应用规模广、在当地及周边影响带动力强的示范基地。例如，双辽市卧虎镇学文农机合作社试验示范基地。卧虎镇 2 000 公顷耕地全部普及了"梨树模式"，全镇地块全部秸秆覆盖，无一处焚烧的痕迹。农民已经意识到这种模式的好处——保墒、保苗率高、改善土壤有机质、防沙固土、增加蚯蚓数量等，秸秆覆盖免耕播种在双辽地区取得了巨大的成功。再如，榆树市晨辉农机专业合作社试验示范基地。根据各级政府倡导玉米秸秆全覆盖还田肥料化，禁止田间焚烧玉米秸秆的要求，为破解"既要种好地，又不用烧秸秆"这个玉米种植过程中遇到的难题，2016 年初榆树市晨辉农机专业合作社把"梨树模式"引进应用到榆树市八号镇玉米生产中，进行田间示范应用。经过 2 年的实践，专家跟踪测查和最后粮食测产，晨辉农机专业合作社理事长刘臣在全体社员大会上宣布："我们学习借鉴了'梨树模式'，已经成功找到了既要种好地又不用烧秸秆的好方法。不敢多承包地的顾虑，完全可以打消，明年我们可以甩开膀子大干了。"榆树市晨辉农机专业合作社成为榆树市秸秆利用的一面旗帜，市委、市政府相关人员进行专门调研，并将其作为典型推广。

"梨树模式"示范应用，已由前几年的几个点，实现了目前在东北地区全面开花的转变，从 2016 年吉林省 20 多个示范基地，到 2018 年 48 个示范点，全面开展了"梨树模式"示范应用，示范基地示范推广面积突破了 100 万亩。2016 年，除双辽市示范基地"梨树模式"面积较大外，其他示范点还都处于小规模试用，一般不超过 100 亩；2018 年双辽市示范基地继续保持领跑的地位与作用，各示范点应用面积实现了跨越式增长，各示范点平均实施面积超过 2 000 亩，创造了翻倍增长的佳绩，出现了一批 3 000 亩以上大规模推广的示范点。榆树市晨辉农机专业合作社 2016 年示范面积仅为 150 亩，2018 年迅速扩展到 8 个村，突破万亩，推广速度之快使人震撼。吉林省长春市九台区刘贺农机合作社，从 2012 年开始推广"梨树模式"，最初作业服务只有 10 个农户、100 多亩地，面积逐年扩大，如今已经增加到 5 个村 400 多农户，"梨树模式"作业面积达到万亩以上。

在东北大地上，"梨树模式"推广应用示范基地遍地开花。黑土地上的农业（农机）合作社、家庭农场示范基地，作为保护性耕作的重要实践者，以前在示范"梨树模式"时，还底气不足，缩手缩脚，不敢多搞，而这几年推广应用"梨树模式"取得了成效，看着那田间长势齐刷刷的玉米苗，听着农民反馈的赞许声、认可声，这些示范基地的带头人信心满满，对这项技术更加自信，对农民接受程度更加自信，对应用效果更加自信。他们纷纷表示，只要国家农业政策对保护性工作坚持给予支持，今后就要撸起袖子，大规模、大面积加油干，让"梨树模式"成为主流生产作业方式，我们和农民等各个方面都受益。

农民自创——搂草神器

黑土地上种植模式的变革带来农业科技变革。2008 年，中国第一台免耕播种机在梨树县诞生，秸秆全覆盖意味着不用清理秸秆，直接就能种地。这是比较受农民欢迎的，但是，在推广过程中也出现了一些问题。种地的时候，出现了秸秆量大、影响播种、除草难等弊病。每年一次的农民研讨会上，大家纷纷提出各种问题。王贵满就和农民一起琢磨，种地的时候，就到这里瞅瞅，到那里看看。出现难题的时候，就想办法去解决。他东奔西跑，苦思冥想，可还是没有解决……

就在这个时候，高家村实验地原来的负责人，受身体原因影响，不能再继续工作了。形势的发展，逼着王贵满得选人，选一个好人、能人。他在他的脑海里的人才库，翻了半天想到杨青魁。顺着思路往下想，他觉得这次不应该是一个人，而应该是一个团队。他脑海里的杨青魁是四棵树乡三棵树村的农民，这个人有能力、有影响力、有情怀、有眼界，当过村书记，在沈阳的物流公司干了 9 年。他有个弟弟叫杨青云，是农民里头比较有智慧，爱琢磨事，能干事，常常整个"新玩意"的"屯不错"。

2013 年，通过王贵满的邀请，杨青魁来到了康达农机农民专业合作社。当时，王贵满就告诉他，让他负责高家村的试验田。"这块地，是中国科学院和县政府设立的秸秆全覆盖免耕栽培技术基地，你就在这儿做秸秆全覆盖。"杨青魁当时就有点懵了。"这种种法，没做过呀！要是老方式种地的话，我敢保证就是从管理这方面，指定是一垧地，照别人多个两三千斤。就是给秸秆点着，点完之后，齐上垄，齐完垄，种地。这一套，我指定能整明白。"

王贵满当时就打断了他，"你那烧秸秆不行！这是基地做的实验，将来涉及全国推广。"接着，王贵满讲了道理，把做秸秆的好处先告诉他，通过秸秆覆盖，能减少土地的风蚀、水蚀，增加地力，减少环境污染，有很多好处。

杨青魁看着地里出的苗一段一段的，不是通畅的，农民不能顺利播种。这不是出现秸秆"堵"了吗！

王贵满说："你得想办法，看看采取什么办法，能把这个秸秆的问题能给解决掉，用机械的形式，把这个事去完成。"

杨青魁想了很多办法，也找了很多人，摸索出了一些经验。到了2015年，杨青魁和弟弟杨青云及其他几个人，共同研究宽窄行的形式。宽窄行就是，把60厘米均匀垄，65厘米均匀垄，还有70厘米的均匀垄，改成宽窄行的形式，比如40厘米和80厘米，40厘米和90厘米以及40厘米和1米。

宽窄行的目的是把苗带的秸秆用人工直接搂到窄行里，把苗带清理开，这样既达到秸秆覆盖的目的，又不影响播种。在当年的效果是相当明显，就是不存在拥堵的情况下，正常播种效果相当好，出苗率也相当好。

可杨青魁觉得用人工的话，涉及成本的问题，增加开支呀。算账的话，到最后，去掉工钱也不挣钱了，地这么种不行啊！

他把自己的想法和王贵满进行了沟通。王贵满在肯定他的同时，说现在都已经是机械化，你们还得研究研究，三个臭皮匠赛过诸葛亮，就研究机器。

杨青魁回去后和大家研究，特别是和他的弟弟杨青云反复琢磨。这人工的工具用的是耙子，耙子是木匠做出来的，而我们老杨家，我的爷爷是木匠，爸爸也是木匠，可以说是木匠世家，我们就应该从耙子上研究机器。于是他们就采用过去用的搂草耙子，就是一排能搂 10 垄，归到一行上，归一行之后再归到一点，像风火轮似的那个耙子。

归行机有垄，4 垄、5 垄，几垄的都有，最多能搂 10 垄。一个接一个，排上这么一搂，直接就把这 10 垄都搂完了，螺旋式地顺时针走，然后一旋把草搂上来，往上走。像扫帚似的，边走边往上堆，堆到边上就成一趟了。这样一边走，一边旋转，边往前再旋转，再往前排，最后排成了一条。

杨青云把归行机改造了，直接用归行机的齿和耙子。他做的归行机，能伸能缩，能大能小，想要几十厘米的，就调整到几十厘米。归行机里有很多烦琐的零部件，就是能大能小，通过多次反复，经过许多波折，翻来覆去地试了好几个月，最后，用拖拉机头一带，归行机直接开始工作，彻底代替了人工。农民自己创造的归行机成功了！

杨青云等人在原有的搂草机基础上研发的秸秆归行处理机，有效地解决了秸秆处理的问题，2016 年获批为实用新型专利，当时已经批量生产并投入使用。

归行机的成功，让农民喜上眉梢、欢欣鼓舞，更增添了在农机具上进行小发明创造的信心和激情。老百姓看到归行机的运作，很容易就接受了，都觉得挺好。进行农机推广的人都反映这个归行机很好，县里对农机具改造更加重视了。

2016 年，王贵满站长又号召我们成立一个研发小组，说归行机还不是那么完善，要在它的基础之上，逐渐升级，再进一步去研发条耕机。

条耕机的概念就是在秸秆归行的基础之上，把苗带进行深松、旋耕、镇压。这一条垄，就一台机器去完成，使苗床能平整，土壤也能细碎，达到最佳的状态。用收割机收获时压的沟，还有拉玉米穗时车压的沟，很难平整，但是通过深松机，一次性就给沟整平了，还旋了，旋完还镇压了，就达到最佳状态，不影响出苗了。出苗率比通过条旋硬碾耕的还强很多，效果相当明显，达到了苗齐苗全的目的，也得到了农民的认可，在老百姓中很容易就得到了推广。

"高手在民间"。有了先进科学思想的领导，有了先进的种植方式，具有耕作经验、创造热情，更有耕作智慧、耕作技能的广大农民，在黑土地上不断创造神奇。2017 年，在梨树县已研制出第六代免耕播种机，性能在国内领先，完全可以替代进口产品。当时，梨树县玉米免耕播种面积达到 180 万亩，占玉米播种面积的一半以上，玉米免耕播种机保有量达 1 500 台。

农民自主创造的"搂草神器"出名了。很多外省市的人，都来梨树参观学习。

2019 年 7 月，胡春华副总理来到梨树调研，现场考察黑土地保护技术研发运用和高标准农田建设进展，对梨树模式运用的配套农机具表示赞赏。

十二、 黑土大地人才涌流

太阳照耀着大地，照耀着中国梨树广袤的黑土地；和煦的阳光，温暖着中国农业大学吉林梨树实验站，温暖着梨树黑土地论坛的总部、国家黑土地保护与利用科技创新联盟的总部、国家黑土地现代农业研究院；七彩的阳光，滋润着专家学者，滋润着学生、农民；阳光、大地、实验、人，和谐相伴，黑土地保护思想落地生根，人才培育成长硕果累累……

15年来，这里以综合性农业生态系统实验站为核心，秉承着"解民生之多艰，育天下之英才""不求所有，但求所用""不求所在，但求所用"的理念，在聚焦高端人才和培育实用人才上发力，积极搭建了黑土地保护的"中国平台"，形成了黑土地保护的"中国方案"，培养了一大批黑土地特有的农业人才，引领了千千万万农民的心智，养成了黑土地人才培育的文化，构建了黑土地人才集聚的春天。

栽下梧桐树，引得凤凰来

2008 年，李保国教授就和王贵满站长考察建立实验站。他们跑遍了梨树的山山水水，最后选定了梨树镇泉眼沟村。梨树县无偿提供了一座 1 500 多平方米的实验办公楼以及占地 20 公顷试验基地。中国农业大学吉林梨树实验站的牌子，在阳光下格外鲜亮……

山不在高，有仙则名。水不在深，有龙则灵。中国农业大学和梨树县栽下的这棵枝繁叶茂的"梧桐树"，吸引国内外专家学者纷纷来到实验站开展长期的科学研究，博士研究生、硕士研究生、本科生纷纷来到这里学习实践，良好的人才培育成长氛围蔚然形成，农业科技的金凤凰与黑土地和谐共鸣。

2015 年，全国首个黑土地保护与利用院士工作站在梨树实验站揭牌。2016 年，"加快黑土地保护与利用，推进现代农业体系建设"的进军号吹响，几十位专家学者来到实验站从事科研工作。黑土地保护科学研究的发展变化、与时俱进的时代需求、服务世界的眼光和胸怀，在黑土地上推出了世界一流的实验站。中国农业大学与梨树县政府投资 7 000 余万元共建了 1.6 万平方米的实验办公大楼，实验基地扩展到 100 公顷。从中国农业大学梨树实验站，到村头地边的"科技小院"，来自各大高校和科研机构的科研人员，先后在基地进行新技术、新成果试验示范 50 余项，引进包括国家重点基础发展计划（973 计划）、国家自然科学基金项目、国家科技支撑计划和农业部行业计划专项等重大农业课题项目 22 项，开创了东北农业科技研发应用新模式，黑土地保护的"中国方案"——"梨树模式"就在这里产生。

2018 年 9 月，国家黑土地现代农业研究院成立，为推动黑土区农业向产业化、集聚化、绿色化方向发展，为实现产业兴旺、乡村振兴提供了强有力支撑。特别是在科技创新、人才培养和成果转化上取得了成效。

2022 年至今，基于"梨树模式"升级版，李保国教授团队成员斩获国家重点研发项目 3 项，培育中青年人才 5 人次以上，为东北黑土地可持续发展事业培育了后备人才。2023 年，中国农业大学吉林梨树实验站副站长周虎教授成为国家重点研发计划项目"黑土地耕地保育和粮食产能提升协同的梨树模式创新与示范"首席科学家。该项目为"梨树模式"升级版提供了强有力的科技支撑，依托该项目培养"梨树模式"研发人才50 名，推广和培养农民研究员 100 名以上。

大道同行，学术交流平台在这里生成。"不求所有，但求所用"人才思想演绎得火热充盈。2015 年 9 月中国农业大学与梨树县人民政府共同举办了首届梨树黑土地论坛，到 2023 年已经举办 9 届。论坛发展中，实验站聘请了来自瑞士的 Dani Or 教授、美国的 Ole Wendroth、Richard Dick 教授、德国的 Harry Vereecken 研究员、奥地利的 Rainer Schulin 教授等知名国外专家为梨树实验站的特聘专家，2019 年 7 月外聘专家齐聚梨树黑土地论坛，为黑土地保护利用提出新观点和建议。举办论坛的 9 年间，石元春、武维华等 20 多位院士、几十位国外院士专家和 600 多位国内专家学者到会并作专题报告。黑土地保护的思想在这里交流，黑土地保护的观点在这里碰撞，领军人才在这里互动，广大的科技工作者和农民得到较好的培训和提高。目前，梨树黑土地论坛已成为在世界有声音、在全国有影响的高端论坛，为吸引更多专家学者来梨树进行科学研究铺就了金光大道，搭建了黑土地保护的"中国平台"。

风吹梅蕊闹，雨细杏花香

2023 年五四青年节期间，习近平总书记给中国农业大学科技小院进行了回信，提出了"厚植爱农情怀，练就兴农本领，在乡村振兴的大舞台上建功立业"的殷切嘱托，其中梨树科技小院在给总书记去信时名次列在第二位。

早在 2009 年，中国农业大学、吉林农业大学共同在梨树县四棵树乡的三棵树村建立了梨树科技小院，在梨树县开展玉米高产高效种植技术实践，试验和推广黑土地保护性耕作技术。当时就让研究生们住在农村，把试验地安排在了田间地头，师生真正深入到农业生产一线，实现了科技"高大上"与小院"接地气"的无缝衔接，实现了理论与实践、科研与推广、创新与服务的有机融合。15 年来，科技小院创新了 20 余项技术，先后有 80 余名研究生在这里学习实践，发表在国内核心期刊上 20 余篇论文，培训农民达 2.5 万人次，技术推广面积 3 万多公顷。

如果说科技小院是一缕春光初现，那么，实验站便是人才的满园春色。梨树实验站与国内多家科研机构加强校地合作，依托黑土地资源优势为中国农业大学、吉林农业大学等涉农高校师生提供综合性野外基地，为培养学术实践全能型人才提供实践的广阔舞台。多年来，有 220 名来自中国农业大学、吉林农业大学、北京师范大学等高校，涉及植物营养学、土壤学、气象学、水科学等专业的硕博研究生进站实习工作。目前，已有 30 名博士研究生和 120 名硕士研究生毕业，驻站在读硕博研究生共 80 名。2019 年，人社部授予中国农业大学梨树实验站为"黑土地保护专家服务基地"，同年，吉林省人社厅在中国农业大学梨树实验站举办"黑土地保护与利用"应用技术高级研修班，截至目前，已经成功举办 4 届，来自东北四省区致力于黑土地保护的学员 300 余人参加培训。

2021 年，梨树实验站联合东北地区其他高校开展了"双百行动"——选派 100 名硕博研究生对接 100 家典型合作社（家庭农场）的科技特派员活动。通过深入了解研究合作社技术应用、管理模式等情况，实现了高校人才与农村实用人才的双向培育，搭建了"专家—农民、科研—农业"的桥梁。2023 年 5 月，参加"双百行动"的师生队伍，被共青团吉林省委评为"吉林青年五四奖章集体"。

中国农业大学土地科学与技术学院土壤学专业的博士研究生张帅，长期在实验站进行科研工作，来到这里已经是第 4 年了。她平时会参与土壤结构和肥力等指标测定，研究如何改善土壤退化等相关课题。而在这里，还有更多像她一样的学生，从气象、生态、遥感和植物等方面研究如何保护黑土地。她说，除了科研项目外，他们还会积极参与"梨树模式"的推广活动。"我们会到每一个合作社中，帮合作社解决一些技术上的问题，或者帮合作社与专家沟通，为他们搭建联系的桥梁。"

实验站始终与地方政府在人才引进培育上血脉相通、思维上同频共振。2016 年春天，梨树实验站就配合四平市在中国农业大学等高校开展了人才招聘活动。首场招聘会在中国农业大学资源与环境学院会议室召开，李保国亲自安排部署，学院全力配合，会议取得了圆满成功。当时，有 4 名硕士受聘来到黑土地，来到英雄城四平，在农业领域施展他们的才华，绽放他们的青春。实验站所在的梨树县更是积极引进各类人才。2016 年至今，梨树县仅就"急需紧缺人才"上，先后引进 7 批次共 216 名人才，其中涉农专业人才为 79 名（占比 36.6%）。这些人才，在农业农村局、畜牧业管理局、四平现代农业科学院等重点领域部门，为经济发展及乡村振兴发挥了良好的人才作用，提供了坚实的专业支撑。

问渠那得清如许？为有源头活水来。梨树实验站考虑的不仅是在校学习的学生毕业后到黑土地来；更想的是在黑土地上招收土生土长的学生。他们经过中国农业大学的培养，成为具有农业知识、本领的人才，再回到家乡，为故土作贡献，为黑土地作贡献。2023 年 4 月 14 日，李保国和土地科学与技术学院党委书记刘尚民等人组成宣讲团，来到吉林省高中里面排名前四的四平市第一高级中学。宣讲团与第一高级中学校委会共同举行了"中国农业大学授予四平市第一高级中学'优质生源基地'授牌仪式"。又举行了中国农业大学招生宣讲会，宣讲团成员进行了宣讲，李保国在会上做了动员。与会的200多名学生，反响强烈。生长在城市里的高中生，原来对农业不明白，认为中国农业大学高不可攀。宣讲团的宣讲，让他们了解了中国农业大学，了解了农业，开始热爱农业。随着宣讲团在东北各地的宣讲，生长在黑土地上的很多学生在报考志愿上都写上了"中国农业大学"。

"科研工作者要把论文写在大地上"，像是和煦的春风，温暖、激励着在黑土地上进行科学研究的人们。梨树实验站满腔热情的服务，全力以赴地支持在梨树开展科学研究的专家教授、硕博研究生，搭建了"边引进、边培养、事业留人、待遇留人、感情留人"的人才舞台，把黑土地上的学生引入大学，让他们把课堂的知识和乡村实践紧密结合起来，演绎了"厚植爱农情怀，练就兴农本领"，真正成为懂"三农"、爱"三农"、掌握服务"三农"技能的新型人才的人生大戏。

黑土地上，人才培育的大戏，一直在上演着，一直没有谢幕……

苔花米粒小，也学牡丹开

黑土地是农业人才百花园，既有国色天香的牡丹富贵花开，也有"青春恰自来"的苔花卓绝绽放。梨树实验站在凝聚高端人才的同时，充分利用柔性引进及全力培育的高端智库资源，把人才优势转化为发展优势，不断加快本地乡土人才的培育，全力推动建设一支适应本地农业发展的乡土人才队伍。

在"因地制宜探索更多农民专业合作社发展道路"的阳光照耀下，梨树实验站引入清华大学农业农村研究院对合作社发展经营进行系统研究，指导梨树县内合作社联合注册成立了梨树县博硕农业专业合作社联合社，有效协助合作社整理规章制度，解决生产、保险、贷款等问题，目前联合社已有成员100余家，1万多公顷耕地参加集约化、现代化运营，进一步夯实了黑土地保护主力军力量。

多年以来，梨树实验站与梨树县农技部门合作，组织召开农民双向研讨会，改变过去专家讲、农民听的"填鸭式"培训方式。通过研讨会，农户交流分享各自的种田经验，提高了他们分析问题和解决问题的能力，引发了农民科学种田的互动和思考，许多技术措施得到改进和提高，为梨树县各乡镇培训种粮能手5 000余人次，培养出优秀科技农民100多名。

小宽镇农民郝双，成立了梨树县第一个农业科技专家大院，每年培训1 000余人次，还曾被派到朝鲜指导种植。他曾获农业农村部全国农牧渔业丰收奖农业技术推广贡献奖。榆树台镇农民鲁丰，建成全国最大的生猪交易市场。四棵树乡三棵树村农民杨青云，自己创造了归行机，其被农民称为"搂草神器"，在黑土地上推广利用。郭家店镇农民韩凤香，建立了凤凰山农机农民专业合作社，经营土地 15 000 亩，被评为吉林省劳动模范，当选吉林省第十二次党代会代表，2022 年当选第十四届全国人大代表。农民卢伟的合作社，每公顷玉米产量达到 26 000 斤，卢伟被评为"农业生产经营人才"、全国农业劳动模范。2020 年 7 月 22 日，习近平总书记深入卢伟农机农民专业合作社了解农业机械化、规模化经营等情况。

2015 年 11 月 8—12 日，中央直属机关党校七支部学员 11 人来梨树县考察调研，梨树县乡土人才库的建设，让学员宋美娅耳目一新。她了解到，在这个农业人口占总人口 75% 的农业县，目前全县拥有各类人才 50 353 人，其中乡土或涉农人才就占到了一半以上。经过十几年的努力，涌现出了郝双、鲁丰、李凤金等一大批获得省、市表彰的优秀乡土人才。

近年来，梨树实验站依托农业产业及黑土地资源优势，配合国家部委、有关部门和梨树县组织开展域内外农村实用人才培训。2021 年实验站泉眼沟基地被农业农村部批准为"国家农村实用人才培训基地"，截至目前，已培训全县农村实用人才 50 000 余人次，承办中共中央组织部农村实用人才培训班 2 期，培训域外学员 200 人次。同时，在全国有 20 个单位在梨树实验站建立培训基地，每年培训 2 万～3 万人，培养了大批农村实用人才。

紫气东来润沃土，彩霞满天映大地。在北纬 43° 的黑土地上，历史遗传的元气不断积蓄，启迪未来的步伐不断前行，良好的人才氛围蔚然形成；在黑土地保护的中国平台上，在实施黑土地保护"中国方案"的实践中，来自全国各地的各类人才正在迸发出无限的生机与活力，共同创造现代化农业的辉煌，共同创造黑土地的无限神奇。

十三、 组建国家黑土地现代农业研究院

    时光荏苒，岁月不居。随着保护性耕作方式的大面积普及，特别是"梨树模式"的推广，实验站的人们考虑的是积极引导黑土地上的农业向再生农业方向发展，进一步推动黑土区农业产业化、集聚化、绿色化发展进程，更加长远地让科技之光照耀整个黑土大地。于是，李保国提议，王贵满和实验站领导商量研究，如今国家及各级政府全力推动"梨树模式"推广应用，科技联盟、科技小院、农民合作社、家庭农场全力参与，已经取得了较好的成绩，可仍然存在农业发展不系统、不平衡、不充分的问题。着力解决这些问题，就应该加大协调力度、推动力度、引导力度，成立一个国家级研究院，以中国农业大学吉林梨树实验站为依托，以我国东北典型黑土区为研究基地，以农业科技驱动产业振兴为主线，以做优科研服务、强化专业中心建设为重点，推动黑土区农业向产业化、集聚化、

绿色化方向发展，向再生农业方向上引导，为实现产业兴旺、乡村振兴提供强有力支撑。重点在科技创新、人才培养和成果转化上提出思路，采取措施，取得成效。

于是，2018 年 9 月，中国农业大学国家黑土地现代农业研究院（以下简称研究院）成立。

"五大中心"——构建科技创新格局

系统思维始终是实验站的思维准则。研究院以实验站为依托，全力与社会各层全方位、开放式的合作，通过选定一批知名专家、锁定一批龙头企业、成立一批产业技术应用联盟、带动一批特定领域产业振兴的"四个一批"工程的实施，建立了农业气候应对研究中心、植物保护研究中心、农业机械研究中心、农业信息化研究中心、保护性耕作研究中心这"五大中心"，使每个中心均形成了一位知名专家引领、一个龙头企业带动、一个技术应用联盟、一个特定产业振兴的多层次"四位一体"的新格局。

国际专家委员会——体现全球观点

研究院成立了以中国农业大学土地科学与技术学院李保国教授为专家组组长的专家委员会，成员包括中国科学院东北地理与农业生态研究所、中国科学院沈阳应用生态研究所、吉林省农业科学院、吉林农业大学等各农业专家。同时聘请了 9 名知名国外专家为客座研究员，与世界各国共同促进全球农业可持续发展、加快实现农业现代化。

防灾减灾联盟——黑土地防护墙

研究院致力于推动黑土地保护与农业防灾减灾工作,加强科技合作与创新,服务与推广,助力黑土区农业可持续发展。由国家黑土地现代农业研究院发起,依托研究院气候变化应对中心,联合从事黑土地防灾减灾相关研究的高校、科研机构、气象和农业等 26 家单位,于 2023 年 6 月 3 日共同成立了黑土地与防灾减灾联盟(以下简称联盟)。国家黑土地现代农业研究院、梨树实验站和吉林省气象科学研究所等联盟核心单位集合多年研究成果,透视未来变化,在 2023 年 7 月 22 日第九届梨树黑土地论坛上,由中国农业大学杨晓光教授代表联盟发布了《黑土地与防灾减灾研究报告 2023》。

编织网络体系——扩大示范带动

研究院以"梨树模式"为载体,在东北四省区 100 个示范基地,打造东北四省区黑土地保护与利用标准化示范基地的样板田,组织专家深入田间地头指导生产;打造东北四省区黑土地高产创建的示范田,推动将保护性耕作的效果实实在在地展示出来;带动农户将土地集中连片经营,应用保护性耕作,推进黑土地保护事业。

创新保护技术——打造升级板

研究院坚持正确的研究方向，大力实施藏粮于地、藏粮于技战略，在中国农业大学的技术支撑下，在总结好"梨树模式"秸秆还田 4 种模式的基础上，探索实施秸秆科学离田和粪肥堆沤还田，打造"4＋2""梨树模式"升级版。启动实施县乡村三级核心示范推广工程，每个村建设 1 个 5 公顷以上的堆沤还田样板田，形成"3＋1"示范推广体系。建设高标准农田 26 万亩，完成了 2 万亩高标准农田示范区建设任务，切实保护好黑土地这一"耕地中的大熊猫"，保障粮食稳产高产，有力维护国家粮食安全。

制定标准——助力"五化"建设

全力推动合作社向更美好的方向发展，探索适宜地区合作化道路，进一步规范合作社向标准化发展。依托中国农业大学的技术力量，制定了梨树县农民合作社规范化发展标准，截至目前，已初步形成了《梨树县卢伟农机农民专业合作社企业标准——合作社玉米机械化种植生产规程》《梨树县卢伟农机农民专业合作社企业标准——合作社农机手管理规范》《梨树县卢伟农机农民专业合作社企业标准——合作社管理规范》3 项技术标准。这样，更加有利于农民合作社向管理规范化、生产标准化、经营品牌化、服务全程化、效益社会化"五化"建设。

进行科研攻关——示范推广米豆间作新技术

研究院努力将国家"稳玉米、扩大豆"的重要指示精神落实在黑土地上。中国农业大学李隆教授团队一直以来对米豆间作配套技术进行科研攻关，同时吸收推广部门进行广泛示范，通过实践在种植比例、种植密度、品种选择、药剂除草、机械配套方面都有很大的进展，为今后推广米豆间作做好了基础工作。梨树县 2023 年试验示范米豆间作面积 1 000 公顷，分布在梨树镇、十家堡镇等 14 个乡镇，这些乡镇覆盖梨树县不同土壤类型，为今后梨树县大面积推广米豆间作打好基础。

十四、"梨树模式"研发推广的"特种兵"

"数风流人物，还看今朝。"在"梨树模式"的诞生地，在研发推广应用的过程中，有一个非常出色的团队，有一群黑土地上的"风流人物"，人们赞誉他们是黑土地保护利用的特种兵。他们便是王贵满带领的吉林省梨树县农业技术推广总站的人们。

王贵满所带的团队，是由13名研究员、20名高级农艺师、12名农艺师、5名助理农艺师和农业技术员，共62人组成的科技团队；是有4位国务院特殊津贴获得者、2位全国十佳农技推广标兵、4位省管专家、4位省拔尖人才、2位市劳动模范、8位市管专家、12位市青年科技奖获得者的时代先锋团队。团队取得科研成果130余项，增产粮食近10亿千克，纯增效益近10亿元。团队被评为"全国农业部科技推广先进单位""全国县级技术推广先进单位""全国农业技术推广先进单位"……

"梨树模式"根据地——冲锋在前

2007 年以来，在建设中国农业大学吉林梨树实验站基地、中国科学院保护性耕作研发基地这两个国家级"梨树模式"研发实验核心基地过程中，总站委派赵丽娟书记、刘亚军副站长等负责协助基地建设。他们结合梨树县和基地的实际情况，参与了"升级版梨树模式集成及区域化推广""现代农业生产单元建设及其标准化研究"等项目的设计，技术方案、实施方案编写等；在项目实施中，参与项目的实施、管理、验收等环节；在参与科研项目的同时，及时解决了因项目技术要求，地块不适合、需要调整的问题；耕地划入基地的农民因个人原因，单方提出上调地租价格，否则退出基地，影响项目进行的问题；在生产作业环节农用生产物资（设备）不足、农机具作业不配套需要调整、为某些作业寻求高水平农机手等问题；保障了"梨树模式"科研团队工作的有序开展。

为配合科研团队工作的进一步开展，总站先后在梨树县中部黑土区的梨树镇高家村、西北部风沙区的林海镇揣家洼子村和四棵树乡付家街村建立了 3 种土壤类型基地开展相应的研究工作。推广科赵晓霞科长等受总站委派，在基地认真细致地做起了工作。赵科长深入田间地头，和农民心连心地交朋友。她开展技术培训，指导生产中技术落实，田间跟踪调查，负责作物生长情况、田间气象、病虫害情况、土壤质量、作物产量等相关科研数据的采集，整天都忙得不亦乐乎。

"梨树模式"推广示范网络建设——高举旗帜

"梨树模式"推广工作在黑土地铺开，王贵满和班子成员及技术骨干认为，作为诞生地的农技推广总站，就应该打个样，树立一个样板。他们研究后，提出在全县范围内实施"三个一"工程建设的构想，并于2021年组织实施。"三个一"工程是指在全县建立10个县级示范基地（现代农业生产单元），建立100个乡镇级示范基地，建立1 000个覆盖全县的村级展示基地，形成功能各有侧重、层次鲜明的国家、县、乡、村四级试验示范基地网络，使其成为"梨树模式"等现代农业新技术的培训基地和推广基地。主要内容以示范"梨树模式"技术体系为主，同时开展品比试验、测土配方施肥试验、播期试验等，为当地筛选出适宜的品种及确定合理的施肥方式等配套技术提供理论依据。目前，指导建设符合标准的现代农业生产单元22个，乡级基地143个，村级展示基地994个。这些基地的建成，覆盖全县所有乡、镇、村，形成了覆盖全区域的"梨树模式"推广示范网络。

"梨树模式"推广示范网络的建立，有力地促进了"梨树模式"推广，目前在梨树县推广面积达300万亩；促进了技术创新，在示范的保护性耕作条带耕作技术过程中，找到了常规耕作与保护性耕作切合实际的融合点，让更多的农民接受了保护性耕作；促进了保护性耕作农机装备水平提升，推动了秸秆归行机、多功能免耕播种机等新型农机具的诞生。

"梨树模式"标准化建设——树立标杆

"梨树模式"技术体系在梨树县得到了大面积的推广，王贵满的团队认识到推广中还应该加强规范。2017年，王贵满主持，总站联合中国科学院沈阳应用生态研究所等参加"梨树模式"研发的单位，共同成立了由总站党支部书记赵丽娟、副站长刘亚军、推广科科长赵晓霞等技术骨干为主要成员的标准起草小组。赵丽娟负责总体设计，刘亚军、赵晓霞等负责标准编写、标准查新等工作，团队编写了吉林省地方标准 DB 22/T 2954—2018《玉米秸秆条带覆盖免耕生产技术规程》。

2017年，总站联合其他"梨树模式"研发人员编写的《玉米秸秆覆盖全程机械化宽窄行距栽培技术规程》《玉米秸秆覆盖全程机械化等行距垄作栽培技术规程》《玉米秸秆覆盖全程机械化等行距平作栽培技术规程》3项规程在中国版权局登记。

2018年12月26日，总站编写的 DB 22/T 2954—2018《玉米秸秆条带覆盖免耕生产技术规程》经吉林省市场监督管理厅审核被确定为吉林省地方标准，并于2019年1月31日起实施。2019年，此项标准被省科技厅审定为吉林省科技成果。此项标准的诞生，体现了总站的技术水平，填补了目前国内外均没有此项标准的空白，解决了农民在生产实践中遇到的技术问题，大大提高了保护性耕作基础理论和原创技术研究、应用效果试验、配套机具开发能力，保障了保护性耕作的大面积推广应用，为保护性耕作快速发展提供了技术支撑，更有利于指导全省玉米秸秆全覆盖技术的实施与推广。

"梨树模式"技术科普——武装农户

在农民中普及推广"梨树模式"，必须用知识武装他们的头脑，用技术提高他们的本领，用他们看得懂、学得会的东西引领他们。总站积极组织相关人员，将各种技术汇编成册，每本印 2 000～5 000 册，发放到广大农户手中。

2010 年，总站编写了《玉米秸秆覆盖在梨树》；2015 年，总站协同黑土区免耕农作技术创新与应用联盟编写了《玉米免耕栽培试验示范材料汇编（2007—2014 年）》；2017 年，总站受中国科学院沈阳应用生态研究所、中国科学院东北地理与农业生态研究所、中国农业大学和梨树县政府委托编写了《"梨树模式"指导手册》；2020 年，总站编写了新版《"梨树模式"技术指导手册》。

为了更好地总结推广"梨树模式"，总站还加大力度，在宣传册的基础上出版了书籍。2019 年，李保国、王贵满任主编，林宏、刘亚军、赵丽娟任副主编，赵晓霞、王艳丽、崔英等参加编著，由科学技术文献出版社出版了《东北地区的保护性耕作技术——梨树模式》；2022 年，王贵满、赵丽娟任主编，王艳丽、刘亚军、林宏等任副主编，赵晓霞、张春雨、崔英等参加编著，由吉林人民出版社出版了《保护耕地中的"大熊猫"——黑土地生态修复》。

"梨树模式"指导服务——引领农户

"历史是一面镜子,它照亮现实,也照亮未来。了解历史、尊重历史才能更好把握当下,以史为鉴、与时俱进才能更好走向未来。"王贵满这些"60 后",借鉴我们党把支部建在连上的经验,积极组建技术指导团队,深入乡镇开展"梨树模式"技术指导。

总站按照全县各乡镇农业工作实际情况,把乡镇划分为 5 个组,组成 5 个"梨树模式"技术指导组;每个小组由 1 名总站班子成员牵头主管,由 1 名业务科长任组长,负责该片区总体技术指导调度工作,成员由总站选派技术骨干担任的"梨树模式"乡镇技术指导员组成,每位技术指导员负责所对接乡镇的技术指导工作。实现了分区域对全县各乡镇(街道)进行黑土地保护利用技术的培训与指导。通过建立微信科技课堂、深入村屯座谈等方式对"梨树模式"推广中涉及的政策、技术和经验等进行答疑解惑,从技术上进行辅导。总站每年组织培训 30~40 次,累计培训近 1 万人次,为"梨树模式"推广奠定了有力基础。

总站坚持好事办好、好事办实的原则,把技术推广的内涵扩大,把利益送给农民。2017 年,总站在全县举办了"梨树黑土地论坛科技活动日"系列技术服务活动。通过组织农业专家深入田间地头,面向全县农业科技示范户、合作社骨干成员、种粮大户、家庭农场,传播交流现代农业生产技术、相关政策、市场动态。活动得到了县委组织部的大力支持以及各相关乡镇、部门的鼎力协助，取得了实实在在的效果。

总站毕竟是科技单位，在运用新技术、使用高科技上，总是走在时代的前列。自 2018 年起，总站联合"梨树模式"科研团队、国家黑土地保护与利用科技创新联盟建立了"黑土地论坛科技活动日工作群"微信平台，邀请中国农业大学和中国科学院等的专家教授、县内专家和典型合作社、科技示范户代表，在每月 10 日、20 日、30 日举办技术培训交流活动。围绕农业新技术、新成果进行技术培训指导、经验交流活动。通过开展专家培训指导、农民互动交流，加强科技创新引领，加快产业结构调整，培育新型职业农民，为梨树县率先实现农业现代化奠定乡村人才基础。

近年来，梨树县农技推广总站，作为"梨树模式"诞生地的农技推广总站，作为黑土地保护与利用的"特种兵"，坚持不忘初心、牢记使命，奋进新征程、建功新时代，积跬步以行千里、致广大而尽精微，为"梨树模式"推广应用树立了一个样板，开创了农技推广事业发展新局面，把习近平总书记的殷殷嘱托更好地落实在了梨树大地上！

十五、 黑土地上的高端论坛

聚是一团火，散是满天星。21世纪初，在北纬43°的黑土地上，一直有一种思想在引导，有一种声音在传递，有一群团队在实践。他们构建了黑土保护的中国平台，奏响了农耕文明的时代强音，凝聚成了享誉中国的梨树黑土地论坛。

智慧中心——中国土壤学界泰斗石元春

2015年，在组织策划首届梨树黑土地论坛时，我有幸结识了中国土壤学界泰斗级的人物——中国农业大学石元春院士。我虚心向他请教，向他学习。他告诉我，来到梨树的院士专家，都是有国外学习经历、学术成果的人，更是民族精神很强的人。他们回国后，倾心竭力，产生了众多的学术思想和学术成果，为中国乃至世界的农业发展作出过重大贡献。我们要给他们，当然也包括国外的专家学者创建一个舞台，把所有黑土地上先进的理念、前沿的技术，都汇聚到一起，相互交流碰撞，产生新的思想，共同擎起黑土地保护利用的蓝天，为人类贡献黑土地保护利用的中华民族力量。

交谈中了解到，这位 1931 年出生的土壤学家，是中国科学院院士、中国工程院院士和第三世界科学院院士。他曾经担任北京农业大学（现中国农业大学）校长、中国科学技术协会副主席、国务院学位委员会委员等多个职务。他作为一名农业科技工作者，始终将责任和使命扛在肩上，从钻研土壤地理，到投身盐碱地改良和中低产田综合治理实践，再到苦苦求索新的农业科技革命，片刻不敢停歇。

科学家最可贵的是他们的学术思想和学术成果。用理论指导实践，再通过实践来升华理论，才能形成一个真正的学术成果。石元春院士有过众多的学术思想、众多的学术成果，为中国乃至世界的农业发展作出过重大贡献。他对黑土地保护利用十分重视，当年经过对黑土地的反复研究论证，把目光聚焦到梨树，也曾先后多次来到梨树。他说："从战略层面和广义角度来讲，我觉得还要坚持以'土'为本。进一步破除各种机制性和技术性的限制，实现农田既高产又稳产。其中一个重点，就是保护好、发展好富含有机质的黑土地。"

论坛上，他有个主旨讲话，我考虑到他年龄比较大，便让工作人员给他拿了一把椅子。可他说，"我这一辈子讲课都是站着"，便微笑着拒绝了。讲话进行了 45 分钟，他一直站着。他这种严谨的作风、高尚的师德，给与会人员留下深刻的印象，无人不为之感动。

论坛开幕前，院士专家纷纷深入田间地头参观考察。他走进中国农业大学示范实验基地，在长势良好的庄稼中，举起一个粗壮的玉米棒，对参观的人们强调："黑土地这个主题的分量很重，不仅关系到国家粮食安全，更是全国人民的饭碗。我们不要为了保护而保护，而应该在利用中保护，只有在农民不断得到实惠和提高收入前提下保护，才是可持续性的。""我们都要为黑土地的保护利用奉献自己的力量，我也一样。我是老骥伏枥，志在黑土。"

论坛期间，以石元春院士为首席专家的全国首个黑土地保护与利用院士工作站，在吉林省梨树县揭牌。

作为科学家，作为农业科技工作者，作为黑土地保护与利用院士工作站的首席专家，他身体力行，谱就了"老骥伏枥，志在黑土"的壮美诗行。

平台搭建——黑土大地起热浪

党中央十分重视"三农"工作，每年的中央一号文件都和农业有关。习近平总书记对"三农"工作、对黑土地更是关爱有加。

2015年3月9日，习近平总书记在参加十二届全国人大三次会议吉林代表团审议时指出，要加快推进现代农业建设，在一些地区率先实现农业现代化。

习近平总书记的话是对吉林的殷切希望，更是对像梨树县这样的粮食主产区实现"产出高效、产品安全、资源节约、环境友好"的农业现代化探索路径提出了新要求。身为"全国粮食生产先进县、国家重点商品粮基地县、国家级农业现代化示范区"的吉林省梨树县应时而动、顺势而为，主动履行保障国家粮食安全的责任担当，率先扛起"加快黑土地保护与利用，推进现代农业体系建设"的发展旗帜。

2015 年 4 月 17 日，梨树县县长、县委组织部长、中国农业大学副校长李召虎、新农村发展研究院副院长吴海芹、资源与环境学院副院长李保国等就"加快黑土地保护与利用，推进现代农业体系建设"进行了深入探讨，对如何扛旗的问题进行了深入研究。大家一致认为，要扛起这面旗帜，必须站在世界黑土地的角度来考虑，必须有强大的科技力量做支撑，必须有长期的科学实践与探索做基础，必须有千千万万个农民去实践。如今，习近平总书记提出了要求，院士专家有强烈的意愿，众多科研院所进行了 8 年的实践与探索，在梨树形成了国家级高端科研集群，科技小院的学子将科研成果普及到田野大地，千千万万个勤奋实践得到了回报。我们要在此基础上搭建一个载体，来引领方向，展示成果；要全力打造高端的学术交流平台、科技创新平台、成果转化平台、人才培养平台、服务三农平台；要进一步放大院地合作优势，在全国推进黑土地保护与利用的过程中率先破题；我们要站在巨人的肩膀上呐喊，把黑土地保护与利用的声音传得更远！

会议决定，创办梨树黑土地论坛！

于是，一个由梨树县政府和中国农业大学主办，肩负重大使命的平台——梨树黑土地论坛，应运而生！

总体架构——心智导航

人世间最有力量的是组织。论坛要有所作为，必须要有组织。论坛在中国农业大学和梨树县政府领导下，建立组织，创新理念，制定制度，形成文化，筑牢了推进论坛组织建设和制度化建设根基，相关部门全力开展工作。

论坛的宗旨：面向世界、立足黑土、服务"三农"。

论坛的功能：农业生产经贸合作的重要渠道、领军人才交流互动的重要通道、产业集群集聚发展的重要载体、梨树对外展示推介的重要窗口。

论坛的5个定位：

高端论坛平台。梨树黑土地论坛总部设在实验站，论坛遵循国际化、多角度、开放理念，每年举办一次年会，为中外农业院士和专家创造优良的学术交流研讨环境。

科技创新平台。利用实验站各种研发优势，为中外农业院士和专家实验新技术、开发新品种、推广新的耕作方式，奠定良好的基础条件。

成果转化平台。依托科技联盟、科技小院、科技示范户大力推进农业最新科研成果及时转化落地，加快农业产学研一体化步伐，把专家的成果变成农民实实在在的收成。

人才培养平台。依托中国农业大学丰富的教育资源，邀请院士、专家、教授到梨树授课，开展人才培训，培养更多的乡土专家和实用人才，从而打造高等院校与地方政府合作的典范。

服务"三农"平台。建立起多学科、多角度、多层次的服务"三农"新模式，为做强农业、做美农村、做富农民打下坚实基础，为率先实现农业现代化提供有力保障。

为推进梨树黑土地论坛常态化、机制化发展，成立了理事会和秘书处，下设联络运维部、宣传培训部、项目拓展部3个具体工作部门。论坛总部设在中国农业大学吉林梨树实验站，还在北京石元春院士办公室设立了论坛办事处；在梨树县建立了专家一对一服务制度、定期学习培训制度以及岗位职责流程制度；申请注册了梨树黑土地论坛商标，加强知识产权保护；制作梨树黑土地论坛品牌宣传册、活动画册和佩戴徽标；开设了梨树黑土地论坛官方网站、微信平台、报纸专刊、电视专题，形成了全媒体宣传网络，推进了论坛产业发展；加快梨树黑土地论坛农产品品牌建设，为全县农产品打上论坛标签，体现黑土、环保、绿色理念；设计统一品牌包装，经过电商途径宣传和销售，创立梨树黑土地论坛农产品品牌。

九届论坛——北纬43°上的强音

创新才能把握时代、引领时代。思想是行动的先导，火矩高擎才能引领方向。论坛正是不断用实验新技术、开发新品种、推广新的耕作方式，来引领广大农民保护与利用黑土地。九届论坛的主题各不相同，紧扣农业主题；内容越来越细化，并具有明确指向性。国内外专家学者围绕每一个主题开展的学术交流越来越丰富，不断碰撞出智慧的火花，形成了不同学术研究领域的"思想革新"；地、企、农广泛参与，开拓思路，精诚合作，推动了各个领域的创新发展。

1. 创建了黑土地保护与利用的中国平台

经过多年黑土地保护与利用的研究与探索，梨树黑土地论坛在北纬43°的黑土地上拔地而起，发出了黑土地保护与利用的最强音，引起了全社会对黑土地保护与利用这一历史课题的广泛关注。

2015年9月6日，以"加强黑土地保护与利用，率先推进农业现代化"为主题的首届梨树黑土地论坛开幕。与会的3位院士在内的27位专家学者，围绕推广保护性耕作模式和现代农业产业模式等课题，举行了20场含金量极高的学术报告。中国著名土壤学家石元春院士表示："万物土中生，有土才有粮。黑土地这个主题分量很重，不仅关系到国家粮食安全，更是全国人民的饭碗。我们不要为了保护而保护，而应该在利用中保护，只有在农民不断得到实惠和提高收入前提下保护，才是可持续性的。"

论坛搭建起多学科、多角度、多层次的交流互动平台和区域化科学研究平台，在全国推进黑土地保护与利用的过程中率先破题，为实现农业现代化助力。

2．推介了黑土地保护的"中国方案"

梨树黑土地论坛是学术研究的，也是科学实践的；是中国的，也是世界的。想要"闻者众"，要进一步促进黑土地保护与可持续利用，推进梨树黑土地论坛长远发展，就必须提升论坛的知名度和影响力，吸引中国农业高层决策者乃至世界农业精英的高度关注。

2016 年 9 月 1 日，以"结构调整与绿色发展"为主题的第二届梨树黑土地论坛开幕，包括 4 位院士、3 位国外专家在内的 60 余位专家学者，围绕农业可持续发展的战略性推测、产业调整与农村经济发展、黑土地保护与绿色发展，举行了 23 场学术报告和专家论坛，受到中央电视台、新华社、《人民日报》以及东北百家媒体的高度关注。同年 10 月，梨树黑土地论坛走进博鳌，站在世界高端论坛举办地，发布了《"梨树模式"绿皮书》，那一刻，全世界的目光聚焦于中国的黑土地。

3．搭建了黑土地保护的多元合作平台

论坛之所以高端大气，是因为它来自基层，根植于黑土。要搭建起多学科、多角度、多层次的交流互动平台和区域化科学研究平台，深入探讨中国黑土区农业可持续发展的新理论、新技术和新模式，为实现农业现代化助力，就必须进一步推进中国农业大学与梨树县的深度融合，促进校地企三方多元合作，不断延伸服务"三农触角"，让论坛更"接地气"。

2017 年 9 月 2 日，以"创新、融合、绿色"为主题的梨树黑土地论坛 2017 年会开幕，武维华等 50 余位专家学者，围绕推广保护性耕作模式和现代农业产业模式等，开展了广泛的交流，并深入田间地头与农技人员和农民交流探讨。

论坛期间，梨树县分别与中国农业大学和松平农业科技（上海）有限公司签订战略框架合作协议，与绿能量股份有限公司、天津绿能量网络科技有限公司签订联合创建产业孵化基地合作协议。同时，举行"中国农业大学吉林梨树实验站东北四省区工作站"和"黑土地保护与利用院士工作站试验示范基地"授牌仪式。论坛还举办校、地、企三方对接研讨会，专家们纷纷为梨树创新转型出谋划策。梨树县国平农机专业合作社理事长管占国感慨道："论坛让顶尖的农业专家来到我们身边，把绿色高效的发展方向和操作技巧说得一清二楚，提出了很多我们从没听说过的新鲜意见，太受启发了！"

4. 发起了吉林省粮食主产区黑土地保护行动倡议

2018 年 9 月 20 日，以"乡村振兴、品牌建设"主题的梨树黑土地论坛 2018 年会开幕。本届年会首次采取主论坛和分论坛的形式，将梨树黑土地论坛的内涵从最初的黑土地保护与利用，延展到黑土区农业"保生态、创品牌、兴产业、强乡村"发展路径的探析。主论坛上，中国农业大学理学院院长周志强等 6 位专家学者，发表主旨演讲。同时，针对不同群体举办了"黑土地保护与利用""品牌建设智慧农业""特色产业发展"和"乡村振兴发展"4 场分论坛。

开幕式上，梨树县分别与上海日月昌集团有限公司、浙江芒种品牌管理有限公司、北京神飞航天应用技术研究院、中国检测认证集团、寿光东城农业开发有限公司、中国农业大学继续教育学院签约合作；中国农业大学国家黑土地现代农业研究院、中国农业大学农村干部继续教育培训中心（东北培训中心）和国家中药产业技术创新战略联盟（鲜龙葵果产业联盟）揭牌；表彰了榆树市晨辉种植专业合作社联合社、农安县鑫乾农机服务专业合作社等东北四省区十佳黑土地保护试验示范基地，并发起黑土地保护行动倡议。

这一年，梨树黑土地论坛，已经成为农业生产经贸合作的重要渠道、领军人才交流互动的重要通道、产业集群集聚发展的重要载体和梨树对外展示推介的重要窗口，正在源源不断地释放出改善黑土质量、促进思想转变、实现农民增收、提升财政实力、打造"人才洼地"、加快成果转化、培育特色品牌和提升论坛美誉度八大效应。

5. 提升了黑土地保护的东北战略

东北黑土地保护高端论坛暨第五届梨树黑土地论坛，于2019年在8月22—25日，在长春、梨树两地成功举办，主论坛由时任吉林省省长景俊海主持，时任中共中央政治局委员、国务院副总理胡春华出席论坛并做重要讲话，13位国外专家和10位国内院士以及190余位专家学者紧紧围绕"保护性耕作和东北黑土地"主题，深入交流实施"藏粮于地、藏粮于技"的发展理念，探讨黑土地保护与利用、东北农业可持续发展的大计。论坛规格之高、规模之大前所未有。胡春华副总理在讲话中做出了"要坚持以习近平新时代中国特色社会主义思想为指导，牢固树立绿色发展理念，加快推广有效治理模式，持之以恒地加强东北黑土地保护和利用，努力走出一条农业可持续发展之路"的重要指示，这意味着东北黑土地保护与利用已上升为国家战略。

6. 成立了国家黑土地保护与利用科技创新联盟

2020 年 11 月 26 日，2020 年东北黑土地保护与利用高峰论坛暨第六届梨树黑土地论坛在北京举办。会议以"加强政产学研金协作，齐力推进黑土地保护与利用"为主题，多位专家、行业代表进行了深入研讨和交流。

开幕式上，中国农业大学、中国科学院等 17 家单位共同发起国家黑土地保护与利用科技创新联盟（以下称联盟）。联盟旨在构建黑土地保护与利用科技创新与技术推广，带领并引导广大农民应用新技术，以支撑东北地区实现农业农村现代化。

开幕式上，时任中国农业大学党委书记姜沛民介绍，自梨树实验站成立以来，中国农业大学联合各科研院所、相关企业、农民合作社在东北地区建立了 8 个专家工作站、100 多个技术推广基地，开启了"合作社 + 技术工作站 + 高校"的联合模式，努力为黑土地保护与利用做出农大人应有的贡献。

7. 启动了推广"梨树模式"，开展"黑土粮仓"科技会战

2021 年 7 月 22 日，在习近平总书记视察吉林一周年的重

要时刻，首届黑土地保护利用国际论坛暨第七届梨树黑土地论坛在长春开幕。吉林省委书记景俊海发表讲话并宣布吉林省黑土地保护日正式启动。梨树县作为分会场与长春进行视频连线，举行了"百名硕博研究生走进百家合作社"启动仪式。

景俊海说，我们要始终坚持藏粮于地、藏粮于技，着力建设完善工作体系、治理体系、技术体系，总结推广保护性耕作"梨树模式"，扎实开展"黑土粮仓"科技会战，努力让黑土地增厚增肥、防止变薄变硬，在引领黑土地保护维护国家粮食安全、提升中国农业国际竞争力中体现担当作为。希望各国相互借鉴、分享经验、携手攻关，因地制宜有效保护好黑土地这一"耕地中的大熊猫"，促进黑土地永续利用，更好发挥粮食生产"压舱石"作用，为人类粮食安全作出更大贡献。

联合国粮食及农业组织以及美国、俄罗斯、乌克兰等 7 个国家农业部长采取视频连线等方式致辞，充分表达了深度开展农业科技合作、共同保护利用黑土地的强烈愿望。

8. 发布了"健康土壤与粮食安全"吉林倡议

2022 年 7 月 22 日是习近平总书记视察吉林两周年的日子，是吉林省黑土地保护日。第二届黑土地保护利用国际论坛暨第八届梨树黑土地论坛这一天在长春开幕。

景俊海说，我们要坚持科技赋智，扎实推进"黑土粮仓"科技会战。要坚持治理赋力，普及推广保护性耕作"梨树模式"。要坚持示范赋效，推动形成黑土地在利用中保护、在保护中利用的可持续发展格局。要坚持责任赋能，严格落实党政同责，压紧压实"五级书记"抓黑土地保护责任，凝聚保护合力。

开幕式播放吉林黑土地保护专题片，连线梨树和大安现场。农业农村部副部长马有祥、中国农业大学校长孙其信致辞。中国科学院、联合国粮食及农业组织、阿根廷、匈牙利农业部门和国际土壤学联合会负责人进行视频致辞。中国工程院院士唐华俊代表与会院士发布"健康土壤与粮食安全"吉林倡议。

9. 推进了耕地安全与粮食产能提升

2023年7月22日，第三届黑土地保护利用国际论坛暨第九届梨树黑土地论坛开幕。主会场在长春农博园，邀请国内外知名专家学者共谋黑土保护良方、共献黑土利用良策、共守黑土丰盈粮仓。吉林省委书记景俊海出席开幕式并讲话。吉林省委副书记、省长胡玉亭主持开幕式。中国科学院东北地理与农业生态研究所所长姜明发布《东北黑土地保护与利用报告（2022年）》。

景俊海指出，吉林一定深入实施藏粮于地、藏粮于技战略，压紧压实党政同责五级书记抓黑土地保护责任，与国内外高等院校、科研院所联合开展关键核心技术攻关，大力普及"梨树模式"，分类示范推广盐碱地改造"大安模式"等技术路径，力争到2025年实现保护性耕作面积4 000万亩、建成高标准农田5 000万亩。

梨树黑土地论坛在广袤的黑土地上忠实地践行了习近平新

时代中国特色社会主义思想；改变了生产方式，提高了生产力，改良了生产关系；奏响了农耕文明的时代强音，为黑土地保护与利用贡献了"中国方案"；形成了黑土地保护与利用的中国文化。

梨树黑土地论坛将发展成为"百年老店"，为永续保护利用好黑土地这一"耕地中的大熊猫"，为保证人类粮食安全，为大力推进农业农村现代化，为加快建设农业强国，谱写黑土大地的诗和远方……

十六、 黑土地保护的舆论宣传

2015 年为联合国确定的国际土壤年，60 个国家的 200 多名土壤学家合作完成的《世界土壤资源状况》报告指出：生命依赖于土壤，而土壤面临着威胁，全球土壤状况不佳，必须进行可持续土壤管理。

世界在呼吁土壤的可持续管理，中国更应该走在前列。特别是在黑土地保护方面我们更应该做出应有的贡献。事实上，李保国、张旭东、王贵满等科技人员一直在努力着。高校和科研机构的专家学者来梨树这些年，取得了一些科研成果。各个团队产生的这些成果和理念如果要落在大地上，就要做好思想引导，做好众多团队实践；高举旗帜，引领众多的基层干部，成百上千的农技推广人员和成千上万的广大农民把研究成果落实在黑土大地上。

茶话会——宣传黑土地保护的畅想

2015 年春节期间，李保国、张旭东、王贵满和我聚集在梨树，搞了一个茶话会，核心就是研究持续做好黑土地保护的宣传工作。2007 年起，在黑土地保护利用的 8 年实践中，我们在借鉴国内外先进理念的基础上，探索形成了黑土地保护的方法和路径。我们还要把所有黑土地上的先进理念和前沿技术汇聚到一起，相互交流碰撞，产生新的思想，并宣传出去。

张旭东认为，保护性耕作的技术模式已经基本成型，在研发的时候，首先考虑的就是能够让农民乐于接受。再好的科研成果不能落实到大地上，都是纸上谈兵。

王贵满笑着说，我们真的站在老百姓的立场上，创造了保护性耕作的模式。研发了好的模式，就应该把它推广开来，让广大的农民受益。

我认为，宣传就是说明讲解，使大家行动起来。说明讲解得有好的机制、好的平台、好的办法，受众接受了、喜欢了，才能变成他们的行动。推广的核心就是做好宣传引导，创造舆论氛围，强化新闻舆论宣传是关键。

李保国提出，这是一个从理论到实践的过程，我们已经确信我们保护黑土地的做法在理论上应该不存在问题，关键是要推广，让更多的老百姓采用。现在加大宣传的工作也需要同时推进，我们要有自己发声的平台。前几天，新农村发展研究院副院长吴海芹提出，要筹建相关的黑土地论坛，我们可以称其为梨树黑土地论坛。以此为平台，在不断完善技术的同时，把宣传工作的基础做实做广，让全社会更多人了解此项工作的意义。

经过长时间的讨论，四个人思想统一，就是要把研究成果通过论坛宣传好。筹建的论坛应该是黑土地保护与利用思想的高端平台，是推介科技创新的窗口，是黑土地保护成果转化的重要渠道，是人才培养成长的舞台。我们要以筹建的论坛为旗帜，做好宣传工作，引领黑土地保护与利用的方向。

创意品牌——树立黑土地保护形象

茶话会之后，与筹建论坛同步，我们确定了宣传工作的思路，建立了宣传工作常态化的体制、机制；成立宣传培训部为具体工作部门；定期学习培训制度，建立了岗位职责流程制度。为了搞好宣传，适应国际化的要求，本着名正言顺的理念，团队精心设计了梨树黑土地论坛标识（实际上也是黑土地保护利用的标识），当时的实验站，以及后来建立的国家黑土地现代农业研究院、国家黑土地保护与利用科技创新联盟，都统一使用这个标识。标识的主体由黄绿两个类似地球的瓣组成。基本形源于《周易》太极图，体现厚德载物的理念，寓意论坛的生生不息；如花盛开的两瓣，形状相同，面积相等，寓意保持黑土养分的动态平衡；绿色代表生态，黄色代表收获，寓意通过生态发展，结出累累硕果；从一点出发的三条射线，寓意论坛是为了更好地服务三农。为了加强知识产权保护，团队申请注册了梨树黑土地论坛商标。现如今这一标识已经成为黑土地保护的显著标识，成为一个超级符号！

打铁必须自身硬。有了主导思想，就有了方向；要打好人民战争，就必须动员所有力量。论坛理事会加大力度，精心谋划；秘书处整合资源，密切联系；宣传培训部组建队伍，提供宣传资源，开设了梨树黑土地论坛官方网站、微信平台、报纸专刊、电视专题，形成了全媒体宣传网络。

2015 年，梨树黑土地论坛打造了发布公众号、开通黑土地发布头条号。开设专家、基地、做法、产品推介等栏目，宣传了黑土地保护与利用的成效。宣传培训部积极沟通协调，在纸媒上开辟了专版专刊，在广播电视上开设了专题。《吉林日报》《四平日报》、吉林电视台、吉林人民广播电台，与论坛共同站在黑土地保护利用的最前沿，与黑土地对话，与黑土地同频，与黑土地共舞，与黑土地并行；用最新最美的文字、用最新最美的图片、最新最美的画面去赞美黑土地新时代，唱响黑土地保护的主旋律，引领科学种田新风尚，弘扬农业现代化正能量。

这一年，宣传培训部把社会宣传牢牢抓在手上，将论坛的标识申请注册为商标。制作梨树黑土地论坛品牌宣传册、活动画册和佩戴徽标，并在会议、活动期间大量发放；把梨树县农产品打上论坛标识，设计统一品牌包装，强化论坛意识，体现黑土、环保、绿色理念，论坛蚯蚓玉米系列绿色生态农产品在第十三届中国国际农产品交易会上展出。经过电商途径宣传和销售，梨树黑土地论坛农产品品牌走向全国各地，加快了黑土地论坛农产品品牌建设，推进了论坛产业发展，论坛的名字越来越响。

2015 年 9 月，中国农业大学的教室、宿舍、食堂，乃至北京市的图书馆、超市，散见着梨树黑土地论坛的手拎兜、DM 卡、宣传册。梨树县 60 名"三农"领域干部在中国农业大学接受教育培训的同时，也成为宣传队，向他们所接触到的人、到过的场所广泛宣传梨树黑土地论坛。在那个时间，在那些场所，在那些人们当中，镌刻了梨树黑土地论坛的名号。

2016 年 10 月 9—11 日，借助首届中国农业（博鳌）论坛的高端平台，梨树黑土地（博鳌）论坛农产品推介招商会顺利举办，以"肥沃黑土，绿色优质"为主题，全方位推介梨树的资源禀赋和优惠政策，全景展示梨树现代农业发展成果，推进绿色农产品项目开发，推广非"镰刀弯"地区"梨树模式"。在海南博鳌，向世界展示了梨树黑土地论坛的成果，发出了北纬 43°农业发展的最强音。

2016 年，走进博鳌论坛永久会址，走近论坛合作单位标识的展示墙，就会发现梨树黑土地论坛的标识挂在那里，非常引人注目，非常与众不同，非常明亮……

创新媒体——扩大黑土地保护的影响

2015 年的早春二月，团队把宣传工作的重心定在了主流媒体的宣传上。《人民日报》《光明日报》《经济日报》《农民日报》、中央电视台等众多的国家和省市新闻媒体，多年来始终用他们的"时代之眼"关注黑土地，时刻聚焦黑土地保护利用的玉米秸秆覆盖免耕种植技术。恰逢其时，借势造势，把黑土地保护的成果宣传出去，推广出去，形成黑土地保护利用的热潮。

2015 年 9 月 6—8 日，首届梨树黑土地论坛召开。15 家主流媒体对黑土地保护利用进行了认真的采访和新闻报道，引起了广泛关注。

2016 年 5 月 8 日，四平日报社与梨树黑土地论坛就"梨树黑土地论坛"微信公众平台合作运营举行签约仪式。黑土地的宣传工作与报社合作运营，借助四平日报社资源优势、团队优势、技术优势，更加全面、系统、精准的地发布梨树黑土地的声音、讲好黑土地故事、宣传黑土地成果，将论坛打造成跨区域的国际高端论坛。

四平日报社为了搞好宣传，组建了最优秀的新媒体团队，引进了当时最先进的微信直播技术、设备，将黑土地保护利用的宣传热度，在会议现场直播时推向了巅峰。

2017 年 4 月 20 日，黑土地保护及绿色发展高峰论坛现场微信直播，观看人数达 199 061 人；

2017 年 7 月 2 日，中国农业合作经济论坛现场微信直播，观看人数达 314 700 人；

2017 年 9 月 2 日，梨树黑土地论坛·2018 年会现场微信直播，观看人数达 403 500 人；

2017 年 12 月 3—4 日，梨树黑土地（博鳌）论坛现场微信直播（共 4 场），观看人数达 1 315 688 人；

2018 年 9 月 20 日，梨树黑土地论坛·2018 年会现场微信直播，观看人数达 379 257 人。

与此同时，他们还创办了自媒体，加大宣传力度。

在 2015 年 10 月 8 日，他们创建了"黑土地发布"公众号，发布条数 2 039 条；在 2020 年 2 月 5 日，他们又创建了"黑土地发布"头条号，发布条数 802 条。

2016 年 9 月 1 日，第十二届东北报业理事大会，百家媒体走进梨树黑土地论坛活动在韩州宾馆举行。百家媒体在第一时间发布黑土地声音，第一时间讲好梨树黑土地故事，第一时间宣传梨树黑土地成绩，让梨树黑土地论坛立得住、传得开、叫得响；进而更好地拓展梨树的影响力和和美誉度，让黑土地论坛的发展再上一个新台阶，借助媒体的力量，进一步扩大了梨树黑土地论坛的影响力。

凝固历史——中国第一家黑土地博物馆诞生

2019 年 8 月 25 日，中共中央政治局委员、国务院副总理胡春华出席东北黑土地保护高端论坛暨第五届梨树黑土地论坛，强调坚持以习近平新时代中国特色社会主义思想为指导，牢固树立绿色发展理念，加快推广有效治理模式，持之以恒地加强东北黑土地保护和利用，努力走出一条农业可持续发展之路。

2019 年，梨树县人民政府联合中国农业大学国家黑土地现代农业研究院进一步加强黑土地保护利用校地合作，总结交流黑土保护性耕作经验做法，以"科技融合艺术"为宗旨，设计建设了中国黑土地博物馆。这是全国第一家以黑土地保护与利用为主题的专业博物馆，展馆 1 期建设规模 400 平方米，展馆设置了 6 个篇章，全面介绍了中国黑土地的形成、开垦、利用、退化、保护、行动等内容，通过简练易懂的文字语言、根系生长的黑土土样、免耕播种的农用机械、形象生动的彩色图表、记录完整的声光影像，全面展示了中国黑土地的演变过程，直观呈现了黑土地的独特作用，引发无数参观者的深刻思考和思想共鸣。

2023 年黑土地博物馆进行改建提升，由 400 平方米扩建到 1 600 平方米，分黑土地馆和"梨树模式"展厅 2 层展厅，展厅共展出图片 400 多幅，展陈实物 2 000 余个，大型升降沙盘 2 个，多媒体显示屏 10 余处，能容纳 300 人同时参观。目前已接待各级领导视察、调研及各界、各类参观、培训、研学等 8 万余人次。

百年树人——创建全国唯一黑土地学院

宣传的是思想，引领的是心智，培养的是习惯，生成的是"种子"。用"千万工程"农民培训、建立"农民田间学校"、联盟微信科技大讲堂、示范基地讲座等方式，进行黑土地保护利用的宣传培训，已经取得了较好的社会效益和经济效益，已经成为黑土地上常态化、制度化的有效机制。为了深入贯彻落实习近平总书记"一定要深入总结'梨树模式',向更大的面积去推广"的指示精神,结合梨树黑土地论坛年会效应的不断扩大,理事会想把参加培训的人,变成"梨树模式"示范推广的"种子",播撒到大地上。通过建立一个学院,开展黑土地保护及现代农业技术研讨交流,深化"三农"人才培养,打造全国农业农村现代化培训实践基地,全力保护利用好黑土地这一"耕地中的大熊猫"。当时经过沟通协调,四平市委积极支持,市委组织部全力运作,吉林省编办批准,建立了全国唯一一所以黑土地保护、研究、利用为特色的"三农"人才及乡村振兴培训学院——吉林梨树黑土地学院。

2021年2月2日,吉林梨树黑土地学院正式成立。学院立足黑土地资源,致力于建设成为"保护黑土地资源""传承黑土地精神""弘扬黑土地文化""发展黑土地经济""探寻黑土地记忆",独具特色的全国唯一一所黑土地干部培训示范院校,积极开展"三农"人才教育培训、举办各种研学班。学院先后主办承接承办中组部农业农村部创业富民培训班、省市县乡村振兴培训班、省市县高素质农民培训班、黑土地保护培训班、"梨树模式"等各类培训班90余班次,11 500余人,大中小学生研学班30余班次4 000余人,接待调研参观400多批次,20 000余人。先后有国家级、省部级等多位领导人来此调研指导。每个来到这里的人,都认为"梨树模式"易于操作,入脑入心,一定能大面积推广。

摄影展——让黑土地瞬间成为永恒的纪念

2023 年 10 月 13 日，北京的天空格外明朗，本来幽雅静谧的中国农业大学东校区图书馆二层展厅，那天却人头攒动。由中国农业大学土地科学与技术学院、中国农业大学吉林梨树实验站主办的"保护黑土地 筑牢大粮仓——黑土地保护'梨树模式'邹志强摄影作品展"开展仪式在这里举行。

这次摄影展，是从摄影家邹志强，跟踪黑土地保护 8 年，拍摄的近万幅作品中精选而成。从《黑土大地受伤害》到《把论文写在大地上》；从《黑土大地涌春潮》到《农民合作社走在阳光路上》；从《黑土地上火红的希望》到《黑土大地的诗和远方》，共 6 大版块，120 幅作品。运用镜头语言集中讲述了自 2007 年在吉林梨树开启的黑土地保护与利用的研究、示范、推广的漫漫征程，创造出享誉中国的黑土地保护利用的"梨树模式"的故事。

开展仪式结束后，李保国教授、邹志强老师现场为嘉宾及师生介绍摄影作品背后的故事，讲述了"梨树模式"的成长历程。在场的人们兴致很高，有的拍照，有的记录，还有很多同学结合照片向在场的老师请教。他们都为科研工作者对工作的热爱感到钦佩，为农民的辛苦付出而动容，为受伤害的黑土地得到逐步改善感到震撼。

通过摄影展，他们了解学校投身黑土地保护、捍卫粮食安全的历史；感受科学家胸怀祖国、服务人民的家国情怀；聆听农耕文明的时代强音。作为中国农业大学的学生，不仅要关心当下，更要关心未来，为国家耕地保护、粮食安全事业贡献自己的青春力量。

中国农业大学党委副书记、宣传部部长，中国农业大学土地科学与技术学院党委书记、学院院长，吉林省摄影家协会、四平市摄影家协会负责同志等 200 余人出席了开幕活动。

千姿百态——镌刻着黑土地文化

展示黑土地上的人间烟火，宣传黑土地保护的火热生活，一直是黑土地上文艺作品的主旋律之一。各类体裁、各种作品都在关注黑土地、宣传黑土地。

影视剧里，讲述着黑土地的故事。反映农民合作社题材的电影《梨树花开》和电视剧《阳光路上》都诞生在梨树县。随着时代的发展，各种形式的影视作品不断涌现。

2015 年 11 月 3 日，"点赞青春，德兴梨树"——致黑土地上的青春主题系列微电影《白云，黑土，正青春》开机仪式在梨树县梨树镇八里庙村举行。这是共青团梨树县委以基层青年村干部为原型改编制作的首部系列微电影。该影片于 2016 年 6 月 2 日播出，全长 25 分 49 秒。共青团梨树县委高度重视新媒体文化事业发展，紧紧围绕青年与梨树黑土地文化深度融合，本部微电影是继《青春·梨树——二人转版小苹果》成功上映后的又一部影视作品。

梨树县孟家岭镇，有一个在当地有名的农民导演罗烁，他从事电视剧创作 20 多年，创作了多部反映黑土地上农村现实生活、具有黑土地时代特色的影视作品。其中，《一句话的事》等作品在省电视台播出，《七星传奇》被中央电视台少儿栏目选用。

黑土地的诗歌，在神州大地上飘荡。梨树是中国诗歌之乡，在这块黑土地上，无论是你走在街上，看看路边的墙上、路灯的灯箱上，还是你漫步村镇、文化广场，到处都洋溢着对黑土地的热爱，到处都流淌着黑土地保护的欢乐诗行。这浓烈的黑土情怀，醇厚的大地诗意，凝聚成久负盛名的梨花诗会，升华成 37 期《诗东北》，写在了《人民文学》《诗刊》《星星》等国家级期刊上。

2023 年 7 月 11 日，吉林作家"深入生活、扎根人民"新时代文学实践点授牌暨"黑土大地·玉米之都"主题采访采风活动在梨树举行，会上举行了签约、授牌和授旗仪式。会后，作家们到中国黑土地博物馆、黑土地学院、梨树县国家百万亩绿色食品原料（玉米）标准化生产基地核心示范地块、"中国村干部海选第一村"北老壕村、梨树县卢伟农机农民专业合作社、梨树县二人转综合活动中心等地采访采风。省作协党组书记、副主席张丽及市作协领导等共 40 余人参加了活动。

吉林作家"深入生活、扎根人民"新时代文学实践点落户梨树黑土地，给黑土地保护利用的宣传文化建设增添了强大的力量和新鲜血液。作家们一定会将梨树黑土大地作为一个走得出、沉得下、蹲得住的生活体验地、灵感来源地、创作首选地，在这里产生出更多的灵感和激情，坚持"以人民为中心"的创作导向，让文学以更加主动的姿态为人民抒写、为黑土地述说、为时代放歌、为大自然赞颂。

二人转，把黑土地情"转"到了德国。宁舍一顿饭，不舍二人转，二人转在东北地区有广泛的群众基础，是黑土地上老百姓喜闻乐见的文艺形式。梨树县是二人转的发源地之一，2011年被文化部授予全国"二人转之乡"的荣誉称号。火热的黑土地生活，为二人转提供了鲜活的素材，众多的文艺作品都在展现黑土地保护利用的生活。近年来，吉林省梨树县地方戏曲剧团有限责任公司编排了10余部作品，其中表演唱《黑土恋情》、拉场戏《五嫂请客》最受群众欢迎。《五嫂请客》还到北京展演，受到好评。梨树剧团平均每年开展送演出下基层150余场，全年平均线上线下观看人数达80万余人。

2021年5月30日晚，"向党报告"——庆祝中国共产党成立100周年优秀曲艺节目展演"梨花飘香黑土情"吉林梨树二人转专场演出在北京喜剧院隆重举行。演职员们带着东北人如火的热情来到首都北京，用一台别具特色的二人转优秀曲目专场演出，让北京人民切身感受到二人转艺术的无穷魅力和二人转表演艺术家们爱党爱国爱黑土的真挚情怀。110分钟的演出里，演员们全情投入，一招一式、一腔一调带动起观众情绪，唱出了韵味、演出了精彩，现场掌声和喝彩声不断，受到观众一致好评。

2023年11月5日，第八届德国"中国曲艺周"在柏林成功举办，以梨树二人转《夫妻串门》拉开序幕，来自梨树县地方戏曲剧团的青年演员彭丽、李广俊载歌载舞，不仅奉上了黑土地幽默诙谐的演出，表演了二人转的多种绝活，还热情邀请现场观众参与互动，使观众对黑土地艺术产生了浓厚的兴趣，使得现场气氛热烈火爆，演出获得圆满成功。

2015 年至今，李保国、张旭东、王贵满等团队一直在努力进行着土壤的可持续管理，特别是在黑土地保护方面做出了一定的贡献，取得了一些科研成果。理事会以论坛为旗帜，全力做好宣传工作，通过各种载体在第一时间发布黑土地声音，第一时间讲好黑土地故事，第一时间宣传黑土地成绩；保护利用好黑土地，永远造福人类，已经成为众多人的信念；黑土地上的干部群众正在配合科学家把论文写在大地上；让黑土地永生的理想越来越深地镌刻在人们的心上。

十七、"梨树模式" 夯实黑土粮仓

　　养好黑土地，年年粮满仓。"梨树模式"大面积推广应用，秸秆全覆盖还田，基本没有了燃烧秸秆的现象；增加了土壤有机质含量，在表层增加 40%，在耕层增加近 13%，单位面积蚯蚓数量增加了 6 倍，地力提高了 0.5～1 个等级；减少了污染，梨树县 50 万亩实验地块每年减少风蚀量 800 多吨，减少秸秆焚烧 100 万吨以上，减少化肥使用量 3 000 吨；节约了成本，提高了效益，比常规生产田成本降低 10% 以上，每公顷节约生产成本 1 500 元左右，单产提高 8%；在培肥地力的同时，还促进了稳产高产，增加了农民收入。黑土地上，人们顺应自然，尊重自然，人与自然在东北大地上和谐欢畅，养好了黑土地，夯实了大粮仓，丰收的喜悦涌起了经济和生态的美好时光。

纯净的黑土——金色的大地

　　榆树市晨辉合作社理事长刘臣说，"一两土二两油，插根筷子也发芽"的美好时光,回来了!种地的时候,再也看不到"遍地狼烟",秸秆燃烧的事没了。农民都有自己的"小九九",按玉米亩平均产量 0.733 吨,玉米籽粒和秸秆之比 1∶1.2 计算,97.5 亩示范面积产生的 35.75 吨秸秆实现全量还田,照此计算,如果示范推广 150 万亩,就可利用 137.49 万吨秸秆。用别的招,农民不干!用"梨树模式"能够减少作业环节,降低成本,和平常人工捆运秸秆、旋耕起垄施肥相比,每亩地可为农民节省费用近 65 元,要是按我们八号镇推广 3 万亩计算,就能为全镇农民节省支出 195 万元。

用"梨树模式"施肥少,真省钱。根据田间观察,秸秆全覆盖还田,经过自然腐化和微生物降解,秋收前腐烂程度达 90% 以上,有助于提升土壤有机质含量,连续 5 年覆盖,可减少化肥施用量 20% 左右,那就能实现化肥使用量零增长目标。第一年可减少除草剂施用量 15%,每亩地可节省 1.2 元;从第二年开始,可逐年减少 5% 的化肥施用量,每亩地可节省近 10 元;再加上节省的秸秆打捆机、大型搂草机等农机配套机具资金的投入等,每公顷耕地可降低生产成本 1 540 元到 1 760 元。

少洒农药,省钱省力,还不污染,就得这么干!秸秆全量覆盖经分离后,休闲带上的秸秆多且厚,抑制了杂草的生长,只需喷洒一次除草剂,当年即可减少 15% 的除草剂施用量,减缓了除草剂向地下水渗透污染。

我们喜欢清风拂面,不愿大风刮脸。据春季示范地块田间观察发现，采用翻耕方式的农田刮风时常有沙尘现象，而采用秸秆全覆盖免耕播种技术对土壤极具保护作用，秸秆全量覆盖的农田只刮清风，大风对表层土壤风蚀现象明显减弱。

榆树市晨辉合作社理事长刘臣，把他们推广应用"梨树模式"的做法归纳为 30 个字，即"秸秆全覆盖，苗带做分离；免播质量好，地温不再低；招法最简便，节省又环保"，形象地说出了"梨树模式"的优势和发展前景。

绿色的田野——蚯蚓涌动黑土地

"梨树模式"的应用增加了表层土壤含水量和有机质含量，土壤更松软了，作物根系扎得更深，抗灾能力也增强了，农民都喜欢。当我们走进梨树县林海镇李家围子村农民李春满的地块，他正在地里忙活着。收割机走过玉米地，秸秆倒下，像被子一样盖在土地上。李春满指着垄间腐烂的秸秆对我们说，这是去年还田的，来年春天就在这垄间用免耕播种机直接播种，而今年的秸秆明年又会腐烂，这样就实现了轮作和秸秆还田。40 多岁的李春满，头脑灵活，种地踏实，喜欢"梨树模式"，而且非常执着地使用着。他从 2011 年开始，在自己家地里做试验。没两年，他发现自己家的玉米明显比别人家"壮实"，也不怕春旱，土地也有了变化。"土里的蚯蚓多了，基本铲一锹土就能看见，一平方米土地里得有几十条，以前很难看到。"李春满还逐渐降低化肥的施用量，"别人一垧地用 2 000 多斤，我只用 1 600 斤，产量依然比别人高。"

如今，李春满作为村里的农业科技示范户，一直在示范带动村民搞"梨树模式"。农民们还开始积极尝试绿色种植方式，秋收后的玉米秸秆不仅用来还田，也用来堆沤有机肥或加工饲料，曾经的"烧柴"成了农民的宝贝。农民杨青魁今年在应用"梨树模式"10多年的土地上试种了5垧有机玉米。因为对土地肥力有信心，他只施用了适量的有机肥，一垧地算下来要比用化肥便宜2 000元。"一垧地收了25 000多斤，没比普通玉米产量低，这市场价格可高多了。"还有很多农民尝试种植高粱、黑麦、地瓜等作物，积极调整种植结构。不少农民表示，土地质量好了，也敢尝试更多品种。梨树县很多土地都采取了"梨树模式"，应用"梨树模式"的土地超过了300万亩。王贵满说："收入提高了，秸秆不烧了，化肥越用越少，作物种类越种越多，'梨树模式'改变了梨树的农业生产。""梨树模式"的推广，不仅推动农业供给侧结构改革，也有力地促进了农业可持续发展。

科技的滋润——涌起黑土地的欢笑

在梨树流传这样一句话：科技小院让科学家变成了农民，让农民变成了科学家。早在2016年，中国农业大学梨树科技小院的负责人米国华教授就在卢伟合作社建立"八里庙科技小院工作站"，选派研究生石东峰入驻卢伟合作社，在开展农机农艺融合研究的同时，还帮助他管理合作社。这标志着科技小院与卢伟合作社正式开展合作。2018年，研究生郝展宏接力入驻卢伟合作社。近 8 年中，研究生们每年都会亲自指导参与卢伟合作社大量的科研与示范项目，包括保护性耕作、化肥减施增效、机械化追肥、机械化籽粒直收、有机肥应用、菌肥应用等，使得卢伟合作社始终走在前列，几乎每年都在卢伟那里召开科技现场会。卢伟合作社是"梨树模式"推广应用的重要示范基地。在科技小院的基础上，2020 年开展了"双百行动"。由梨树县与中国农业大学等高校、科研机构合作，选派百名硕博研究生对接百家典型合作社（家庭农场），做科技特派员。通过选派涉农院校的研究人员及硕博研究生，深入有代表性的合作社或家庭农场中，深入了解合作社的技术应用、管理等情况，直接参与指导合作社活动。"双百行动"搭建起合作社＋专家＋硕博研究生＋技术人员四位一体的桥梁纽带，带动农民增收，助力合作社发展，推动乡村振兴。

每年 4—10 月是东北玉米的生长期，也是合作社最热闹的时候，来自各个大学的硕博研究生在老师的带领下在合作社开展科研和服务。以前，梨树县农民秋收大多集中在 9 月底，参加"双百行动"师生和农民广泛交流后，农民听取了师生的建议，把秋收时间推迟到 10 月中上旬，经过测算，百粒玉米的重量从 33 克增加到 44 克，仅此一项，1 公顷玉米田就可增加2 000 斤，种粮农民从中轻松获益。

目前已有 95 名硕博研究生对接上 95 家合作社（家庭农场），已经在全县 21 个乡镇带出了大批种粮能手，培养出很多名优秀科技农民，其中很多人成为了优秀合作社带头人；配合县农业技术推广部门推广测土配方施肥、水肥一体化等农业技术 10 余项，直接帮助农民增收 1 000 多万元。

2022 年 12 月 1 日，中国新闻网以《硕士博士指导农民科学种地 吉林黑土地找到"增收密码"》为题，对"双百行动"进行了报道；2022 年 11 月 28 日，采访"双百行动"后，《光明日报》以《吉林梨树："双百行动"助力"梨树模式"推广增产》为题，进行了宣传报道。

黑土溢金——高产的黑土地

科技是第一生产力，科研成果只有转化落地才能实现价值。科技联盟、科技小院、科技示范户在黑土地上大力推进农业最新科研成果及时转化落地，加快农业产学研一体化步伐，把"梨树模式"变成了农民实实在在的收成。

通过几年来的跟踪测产，采用"梨树模式"的地块，较常规地块降低成本 10% 以上。随着燃油、肥料和劳动力价格不断上涨，而农产品价格上涨滞后，导致常规耕作成本不断升高。采用"梨树模式"，既可以节省劳动力，又能够减少化肥等农资的投入，每公顷可节约成本 1 200～1 500 元，还能提高单产 10% 左右。

这几年，合作社每年都会新购进一些先进的大农机，其中，100 马力以上的大型农机具就有 20 余台（套）。农机作业能力上来了，种地干活越来越不犯愁了。伴随着省内农机购置补贴的力度越来越大，卢伟合作社的家底也越来越殷实。春播用的免耕机、深翻机、除草灭虫的自走式喷药机、秋收用的联合收割机、玉米脱粒机……高产增效的现代农机应有尽有。2020 年，卢伟合作社每公顷玉米产量达到 26 000 斤。

卢伟合作社推广应用了测土配方施肥、深松整地、保护性耕作、绿色防控等一系列先进的重大粮食增产增收技术，有效提高了科学种田水平。玉米公顷平均产量达到 20 000 斤以上，比常规种植方式增产 2 000 斤，每公顷增加收入近 2 000 元。去年，卢伟合作社平均增产 11%，节约成本 6%，全年累计增收 150 万元。

随着"梨树模式"在广大农民心中扎根，梨树县以打造绿色食品上游原料基地为目标，已经创建了 100 万亩绿色优质食品原料（玉米）标准化生产基地。通过筛选种植品种、控制农药化肥使用量、加强田间管理等措施，提升了玉米品质，实现定向供给。如今，每斤玉米收购价格比普通玉米高出 3 分钱左右，垧均增收 750 元，全县将增收 5 400 万元。2021 年梨树示范基地玉米产量达到每亩 1 077.94 千克，创造东北地区玉米高产纪录。

广袤的黑土地上，人努力，天帮忙。人们遵循自然规律，依靠科技的力量，用辛勤和汗水，日夜劳作，努力拼搏，营造了良好的农业人文发展氛围，创造了良好的土壤环境，焕发了黑土地的青春，夯实了东北粮食生产的基础，加固了大粮仓基础，用丰收的欢乐谱写了经济和生态的美好篇章。

十八、 黑土大地产业兴旺

黑土地上，人们在倾力保护黑土地的同时，努力寻求保护与利用的统一。立足得天独厚的黑土地资源，他们始终不忘初心，强化农业科技和装备支撑，以梨树为示范，建立了多学科、多角度、多层次的服务"三农"新模式，向着再生农业发展，做强了黑土地上的农业项目产业，把率先实现农业现代化的重任扛在了肩上。

科技支撑——农业生产项目落地

在"梨树模式"的推广应用方面，梨树黑土地论坛充分利用自身的影响力，做大做强"泛论坛产业"，主动承接国家重点项目，让研究成果走出"实验室"。强化与国家各部委的沟通合作，承接农业发展项目，打造成果转化基地。仅在2016—2018 年的 3 年时间里，就争取到每年投资 3 150 万元的黑土地保护项目、每年投资近千万元的中国农业大学科研项目、1 000 万元的玉米秸秆综合利用项目、250 万英镑的牛顿基金项目、1 000 万元的互联网＋精准农业项目等，为实现黑土地的保护利用提供了坚强支撑。中国农业大学梨树实验站每年完成 10 余项国家级科研项目和近 20 项试验研究项目。梨树县先后与中国农业大学、中国科学院沈阳应用生态研究所、中粮营养健康研究院、大北农集团、中化现代农业有限公司等开展项目合作，吸纳资金 10 亿元以上，使黑土地保护利用项目持续推进、成果丰硕。

黑土地上的特色产业、名牌产品更加活跃。每次论坛上都有项目、产品签约活动；多次举办产业分论坛、产品展销会、名优品牌推介会。论坛创意策划了"南有寿光、北有梨树"，特色农产品的梨树"名片"。以高家村为中心，建设了万亩棚膜核心区，引领全县建设棚室总量达到 31 567 栋，面积 40 400 亩，产值 49 713 万元；全力发展"白色的海洋，致富的银行"棚膜蔬菜产业。

在"梨树模式"推广应用中，不断加强诞生地建设，以省级食品检验检测中心为依托，做强国家新型工业化（食品）产业示范基地，打造中国优质绿色农产品创新研发基地；在优势品牌培育上，梨树"三品一标"认证的农产品 182 个，中国驰名商标 1 个，省著名商标 10 个，省名牌产品 6 个，新天龙"绿色酒精"、上流域"有机大米""曙光"肉鸡、"吉猪"冷鲜肉、"九月青"豆角、"吉粒粒"杂粮挂面、"蚯蚓玉米""黑土地乌米"等品牌越发响亮。这些优质优价农产品远销国内外，体现出"绿色品牌经济"的增值收益。

模式推广——企业落户梨花香

"梨树模式"的推广应用，提升了科研成果的影响力，当初就是被黑土地论坛吸引到梨树的吉林创岐中药技术开发有限公司，茁壮成长。借助梨树黑土地论坛 2018 年会的平台，他们成立了鲜龙葵果产业联盟，并分别与石家庄神威药业股份有限公司和广东一方制药有限公司签订了医药产业合作协议。如今，实现了以鲜龙葵果为主打产品，在肿瘤的治疗、预防、保健等领域开展合作；实现了该公司从原材料加工、食品保健品生产到中药饮片制剂研发的梯级发展模式。

"梨树模式"的推广应用，带动了黑土地上农产品深加工企业的发展。吉林省新天龙实业股份有限公司是黑土地上"土生土长"的玉米深加工企业，主要生产应用于食品、能源、医药、化工等领域的食用酒精、无水乙醇、燃料乙醇和 DDGS 饲料（干酒糟高蛋白饲料）等产品。企业与论坛形影相随，扩大了经营范围，搞起了粮食贸易；超前谋划，创建了粮食银行；企业不断发展壮大，如今，年销售额已经达到 30 亿元。

"梨树模式"的推广应用，充分发挥了在区域产业发展上的引领带动作用。围绕梨树县区域产业优势，着力推进"1＋5"重点产业发展（即以现代农业为中心，着力发展食品、能源、化工、现代服务业和大健康五大产业），着力构建现代化产业发展新体系；拥有农民专业合作社 2 904 个、家庭农场 867 个；食品产业不断做强，已成为国家级（食品类）农畜产品加工新型工业化产业示范基地，建有绿色食品园区，拥有省级资质的食品检测检验中心；大健康产业逐渐发展，在营养食品、休闲健身、健康管理和健康咨询等方面有所突破。

产业兴旺——壮大了"中国北方农机城"

从渤海之滨到黑龙江畔，从长白山麓到大兴安岭脚下，在这广袤的田野上，在这肥沃的黑土地上，春风吹拂着一望无际的嫩绿，免耕机喷洒着希望的欢歌；夏日升腾着辽阔的青纱，无人机滋润着庄稼低唱；秋光普照着玉米荡漾的金黄，收割机跳动着丰收的欢唱；冬天覆盖着漫山遍野的银装，灭茬机弹奏着美梦的交响；农机的轰鸣合奏出"梨树模式"的新天地，人与自然和谐共生的壮美旋律在大地上流淌……

在品味享受这华美乐章的时候，我们惊奇地发现演奏这一乐章的器械都来自"梨树模式"的发源地，来自美丽的英雄城四平，来自"中国北方农机城"。

农机装备的旗帜高高飘扬。翻开中国的历史，四平不仅是一座英雄城，更是农机装备的制造城。新中国成立之初，四平是东北老工业基地的组成部分，传统装备制造业发展势如破竹，联合收割机、大客车、鼓风机、装载机、改装车、换热器在全国名声远播，特别是农机装备产业引人瞩目，当时是中国农机装备领域的一面旗帜。

正是在广袤的黑土地上，在这座英雄的城市，在那个火红的年代，尽展了农机装备的风华。那个时候的四平，是中国联合收割机的发祥地和摇篮，同时也是中国联合收割机生产制造标准的制定者和参与者。1964 年 4 月底，四平联合收割机总厂成功研制出我国第一台大型自走式谷物联合收割机——ZKB 型收割机，填补了国内空白，翻开了中国生产大型收割机的崭新篇章。毛泽东主席亲自为产品题名为"东风"，并于1965 年开始批量生产。到了 20 世纪 80 年代，四平联合收割机总厂已经发展成为中国第一、亚洲最大的联合收割机制造厂。在那个改革开放的年代，四平联合收割机总厂仍然牢记自己的使命担当，先后帮助建设了佳木斯联合收割机厂、桂林联合收割机总厂、北京联合收割机厂这三大中国联合收割机企业。四平生产的农机产品走遍神州大地，东风小四轮拖拉机是全中国的时尚，移动式谷物烘干机荣获全国农具展览会一等奖，东风收割机不仅满足了国内农业生产的需要，还远销到泰国、沙特阿拉伯、乌克兰等 20 多个国家和地区。在改革开放的时代，在那个光辉的岁月里，四平农机装备的旗帜高高飘扬。

"梨树模式"的推广为现代农机产业燃起了火红希望。黑土地保护性耕作的"梨树模式"诞生在梨树，梨树为四平所辖。"梨树模式"的研发、推广、应用都与四平密不可分。"梨树模式"的配套农机具生产燃起了四平现代农机产业振兴发展的火红希望。

英雄的四平人民坚持高举农机装备的旗帜，加强中国重要的农机生产制造基地建设，经过 80 年的发展，乘着黑土地保护性耕作的东风，已经将农机产业发展成为门类齐全、服务体系完善的优势产业，农机品类位居东北首位。

随着时代的脚步迈进新的世纪，与时俱进的四平，把推动黑土地保护战略作为核心，把梨树实验站作为技术支撑，布局四平农机产业空间，在黑土地上开展了产业集聚核心区、产业功能拓展区和示范引领发展区建设；开展了黑土地保护"梨树模式"示范基地和农机智能制造基地建设；开展了科研创新平台和综合服务平台建设。实现了从农机科研、制造、服务到示范的现代农机产业链体系，带动了原材料生产、机械加工、电子信息、智能制造、现代物流、会展交流、科技创新、投资融资、农业社会化服务等相关产业发展。将黑土地保护打造成四平新品牌，使四平成为黑土地乃至耕地保护的全国典范和先锋。2016 年 1 月 17 日，四平市被中国农业机械工业协会授予"现代农机装备区域创新示范基地"牌匾。

中国第一台玉米免耕播种机在四平产生。2008 年 4 月，中国科学院研究员关义新（原梨树县康达公司董事长）和苗全（原梨树县康达公司总经理）团队研发的 2BMZF 系列免耕播种机问世。这是我中国第一台玉米免耕播种机，解决了秸秆覆播种难的问题，使玉米播种施肥一次性精量完成作业。2009 年荣获吉林省科技成果，专家鉴定评价："国内性能领先，基本达到国外同期先进水平，填补了东北地区高性能免耕播种机的空白。"随即，原梨树县康达公司"上线"生产免耕播种机——后来被农民誉为"宝贝"。

四平与实验站联合，把这项技术不断创新发展，并在农机领域进行推广。到 2017 年，免耕播种机已经发展到第六代产品。这些拥有自主知识产权的产品，性能在国内处于领先地位。

十几年来，免耕播种机技术日趋成熟，累计推广应用 13 万余台，实现了国产化。目前，已经有 20 余个免耕播种机生产企业的产品供应市场。

四平生产出"中国第一台条旋耕播种一体机"。2023 年 4 月 28 日，梨树实验站副站长王贵满又接受了中央电视台综合频道《焦点访谈》栏目的采访，在《黑土地上的"黑科技"》报道东北地区春耕情况时，他介绍：2023 年，实验站会同四平市亿圣农业机械制造有限公司联合研发了集施肥、播种、覆土、镇压等多道工序一次完成作业的新型免耕播种机，在黑土地上推广使用，在春耕中应用取得了良好成效。

梨树县胜利乡世远家庭农场负责人马文明说："'梨树模式'的新型免耕播种机效果特别好，过去种玉米，地得反复整，辗压 4 回，把黑土层都破坏了。使用新型免耕播种机不用压地、旋地，一回整完，秸秆粉碎烂了之后地还不干，保墒通透性可好了，出苗率还高。原来机器一天耕 8 垧地，这台机器能干到 12 垧，一垧地节约成本 1 000 多元。"

配套农机具的升级，带来了农业生产效率的大幅提高。

2023 年，吉林省全面启动"千亿斤粮食"产能建设工程，推广"梨树模式"等保护性耕作技术面积 3 500 万亩，出台《吉林省 2023 年保护性耕作实施方案》和《2023 年东北黑土地保护性耕作行动计划技术指引》，按照"多覆盖、少动土"基本原则，主推秸秆全覆盖免耕播种、宽窄行秸秆覆盖免耕播种、秸秆覆盖原垄耕作、秸秆覆盖条带耕作 4 种技术模式，免耕播种机达到 5 万台。

向新而行，农机兴盛。借着黑土地保护性耕作全面推广的大势，四平将农机产业基础雄厚的优势发挥得淋漓尽致，搭建了技术研发创新、培育引进成长型企业的黑土地大舞台，60 余户农机制造及配套企业聚焦在这里，形成了动力、耕整、播种、植保、收获、农畜产品加工 6 大类产品为主的农机全产业链，规模以上企业产值占全省 80%，农机品类稳居东北榜首，保护性耕作机具占据东北市场份额半壁江山。四平农机在黑土地保护性耕作中，再现光彩，再展风华。

"梨树模式"推广让"中国北方农机城"芳华绽放。"一花独放不是春，百花齐放春满园。"四平想的不是一两个农机品牌的木秀于林，想的是农机产业的繁花似锦。他们高标准规划建设中国黑土地保护农机产业创新示范基地，总投资 109 亿元，占地面积达 4.4 平方公里。他们坚持外引内培发展方向，着力引导创新资源，转移产业向产业园区集中集聚，加快推动农机产业研发创新向中高端领域转型升级；不断拓展畜牧业、养殖业、农产品加工业等非耕种收类农业机械产业，实现现代农机产业链延伸、供应链补缺、价值链跃迁和创新链提升，形成更加完善的产品网络、技术网络、市场网络；全力打造用产业发展模式创新为引领的农机产业集聚区，持续擦亮了"中国北方农机城"这块金字招牌。

走进四平农机产业园，我们看到，他们以打造"中国北方农机城"为契机，全力推进农机产业发展，重点建设中国黑土地保护农机产业创新示范基地项目。启动建设了"示范基地"一期工程，总投资 20 亿元，规划占地 1.37 平方公里，主要建设 A、B、C 3 个产业园区、6 条道路及相关配套设施。现已建成并投入使用 24 栋标准化厂房和 2 栋综合楼，总建筑面积 13 万平方米。一期工程建成后，预计可实现年产值 20 亿元、利税 2 亿元。目前，该区共有农机生产制造企业以及农机配套企业 32 户，其中引进北京航天宏图无人机科技有限公司、山东沃普农业装备科技有限公司、吉林四禧科技有限公司等农机生产制造企业 18 户，新鼎华电镀项目、铸造项目等项目配套企业 14 户。具备年产耕、整系列农机 3 000 台、免耕播种系列农机 10 000 台、大型联合收割机 3 000 台的生产能力。已经初步形成了创新引领、产业集群、规模发展的良好态势。

几年来，"中国北方农机城"紧紧围绕黑土地保护性耕作开发产品、提高产能。目前，已具备年产拖拉机 7 500 台，耕整地、深松、灭茬等机具 3 000 台，免耕播种机 15 000 台、水稻抛秧机 5 000 台、大型联合收割机 3 000 台、秸秆打捆机 7 000 台的能力，初步形成了以动力、耕整地、播种、田间管理、收割、秸秆处置利用装备、农产品初加工机械为主体的农机产业链条。培育出康达、顺邦、龙丰乐、中联重科、隆发机械等一批具有一定生产规模、拥有自主知识产权和主打产品的"专精特新"农机生产制造企业，在吉林省乃至全国市场占有重要地位，成为农机产业推动黑土地保护利用、推动乡村振兴发展的重要力量。

当年，梨树县康达公司的免耕播种机填补国内空白；如今，已经能生产免耕播种机械、全方位深松机械等 8 个系列 45 个品类，年产值 2.85 亿元，连续 13 年全国销量第一。随着销售量逐年增长，康达公司规模不断扩大，以康达公司为龙头的农机产业，也随之兴盛起来。耕整地机械、免耕播种机械、高效植保机械、收获机械、全方位深松机械等，当地农机企业随之发展到 60 户，涵盖了农业生产全过程，极大地满足了农民需求。

作为四平市老牌的农机制造公司，四平市顺邦农机制造有限公司始终致力于农机产业创新发展、科技升级。自主创新研发国内首创秸秆饲料处理设备，率先在机器上安装北斗定位、4G 网络应用、智能屏人机交互界面、手机微信小程序登录查看机器状态的智能控制端系统等先进技术，实现了远程作业监控、电控故障自动诊断、产品作业状态管理、作业数据自动采集、后台大数据分析等功能，迈出了国产农机智能化发展新步伐。顺邦公司连续 6 年获得 TOP50 "市场领先金奖"，市场占有率全国第一。

中联重科股份有限公司当年在四平投资建厂后，打造了"谷王"收获机和"耕王"拖拉机两大拳头产品，年销售收入近5亿元；如今，中联重科大马力动力换挡拖拉机和智能有序抛秧机，填补了高端农机产品空白。

艾斯克智能家禽屠宰装备经过20年的改造升级，如今已经成为国内行业标杆，自动掏膛系统被誉为"家禽屠宰线上的皇冠"。

"中国北方农机城"百花争艳，芳香四溢，弥漫着整个东北黑土大地。

2020年7月22日，习近平总书记在吉林视察的第一站就来到了四平。总书记指出：一定要深入总结"梨树模式"，向更大的面积去推广。总书记的厚爱与重托，赋予了四平新的历史使命，带来了四平农机高质量发展的万道霞光，温暖着、激励着黑土地上的四平人高歌猛进、豪情万丈，黑土地上农机产业的欢歌更加嘹亮。

英雄的四平，把推动黑土地保护和保障粮食安全作为发展主线，不断加大农机化发展转型升级力度，提升农机化水平，为推广"梨树模式"、推进农业农村现代化建设提供了坚实支撑。到2022年年底，全市农机总动力334.8万千瓦，同比增长3.4%。拖拉机保有量6.7万台。其中大中型拖拉机2.9万台。现有水稻插秧机5 600台，水稻抛秧机223台，稻麦联合收割机1 000台。现有免耕播种机6 557台，玉米收割机8 709台，其中玉米籽粒收获机34台。农作物综合机械化水平达到

93.64%，高于全省 0.64 个百分点。四平被农业农村部评为全程机械化示范市。

近年来，四平高举农机产业发展的旗帜，树立全程机械化的标杆，把农机产业在黑土地上搞得红红火火，示范引领农机企业更加强壮，把"梨树模式"在黑土地上大面积推广。

四平把在政策上支持、技术上支撑的成果拿出来与全国农机产业共享。"梨树模式"在黑土大地上的推广，带动了配套农机具产业的发展。农机产业的发展，使黑土地保护的筋骨更加强壮。2016 年 9 月，第二届梨树黑土地论坛举办了现代农业机械展览会。有 19 家单位的 38 个品牌参展。随后，四平又举办中国黑土地保护农机产业发展推进大会、中国北方四平农机展销会、四平市农机产业经贸合作交流会，全国的农机产品在四平吐艳争芳。

2022 年，四平举办了第一届中国北方（四平）农机展销会，参展农机企业（经销商）127 家，涵盖耕整地、播种、植保、抛（插）秧、自动导航等 9 大类。田间日活动，共有 36 台（套）大型农机设备进行现场演示。销售设备（车辆）3 400 台套，销售额达 2.72 亿元。

2023 年 9 月 26 日，以"研发制造、推广应用、保护促进、协同发展"为主题的 2023 农机产业发展推进大会·第三届中国（北方）农业机械田间日活动·第二届中国北方（四平）农机展销会召开。150 户企业参加静态展示和动态演示，共有 471 台套农机具参展，其中田间日活动有 71 台套参加演示。

在北纬 43°的黑土地上，英雄的四平人民，用 80 年锲而不舍地追求奋斗，让农机装备的旗帜高高飘扬；用黑土地保护利用的大潮涌动，让现代农机装备燃起了火红的希望；用高质量发展的时代频率，让"中国北方农机城"芳华绽放；用激活产业发展新动能的科技之光，让全程机械化示范市溢彩流光。他们一定会在伟大的时代、伟大的事业中，牢记使命，砥砺奋进，全力谱写中国农机产业发展壮美篇章。

致富银行——黑土地上的白色海洋

在中国的北方，在英雄城四平，在北纬 43°的黑土地上，人们与黑土相伴，与阳光共舞，与大自然和谐共生，用占地56 200 亩的 31 500 栋各类棚膜成就了"白色的海洋，致富的银行"的万众合唱！

人民是历史的创造者，很多伟业都起源于民间。20 世纪80 年代初，刚刚走进改革开放大潮的四平人，都在向往着致富的幸福，各自都在寻找着发家的门路。那个计划经济年代的人，城镇居民吃供应粮用"红本"，城镇周边的菜农吃供应粮用"绿本"，农民吃口粮。吃"绿本"的人口粮少，没有农民口粮多，又没有吃红本的人"细粮"多，几乎是在贫困线上，但是这些人住在城镇的边缘地带、城乡接合部，他们就想如何能通过菜农这个身份来为自己的幸福干一点事。他们毕竟生活在东北，考虑的是祖祖辈辈到冰天雪地的冬天只能吃白菜、马铃薯、萝卜、酸菜，即使多少年来"战天斗地"，换来的也只是吃些用冰雪或者地窖储存保鲜的蔬菜。

1981年，四平菜农考虑的是怎么能让绿色的蔬菜成长，他们首先想到的是在东北比较普遍的冬季鲜菜——蒜苗！蒜苗能够成长关键是有阳光和温度，在蒜苗的启发下，梨树县梨树镇园艺村最早出现了菜农在自家门口搭建的暖窖，当时叫土暖窖，也就是最早适应东北气候的土温室。到了1982年又出现了菜农在自家园子里建成的竹木结构的拱形棚室，高2米左右，宽8米左右，占地30～50平方米，棚内有实木立柱，挺着承受力量。由于当时建筑成本低、建设速度快，而且经济效益比较好，梨树镇逐渐由园艺村向大烟筒村、城东村、东平安村等邻近各村发展，形成了50亩左右的棚室规模。当时四平市所辖的6个县（市、区）也都出现了棚室。

棚室挣钱了，菜农们积极投入建设。随着棚室建造技术的不断发展，到20世纪90年代，四平市的棚室建设不断向好。仅梨树县以砖混钢架结构为主的棚室，也就是我们常说的用草帘子、棉被遮盖的暖棚，面积就发展到2 000亩左右，位置也从梨树镇向周边乡镇扩展，当时梨树县城周边的老五镇都有棚室蔬菜种植。20世纪90年代中期梨树县高家村，一部分有经济头脑、有胆识的菜农在自家园田地扣上了简易大棚，种植番茄、黄瓜等作物，在当时收入非常可观，比大田玉米种植能多挣5～7倍的收入。

在中国的大地上，任何事情只要有党的领导，就会无往而不胜。当时的四平市，对温室大棚始终是加以正确领导、引导。他们找到了自身的优势：四平市是吉林省的南大门，处于东北亚区域中心点，地处松辽平原中部腹地，辽吉蒙三省区交界处，是吉林、黑龙江及内蒙古东部通向长三角和京津冀地区的必经之地，冬春季北上和夏季南下销售农产品方便快捷；四平市土地资源比较丰富，地势平坦，土壤肥沃，适宜发展规模化棚膜经济和种植各种经济作物；四平市为中温带湿润季风气候区，春季干燥多风，夏季湿热多雨，秋季温和凉爽，冬季漫长寒冷，发展棚膜经济的优势是旱能浇、涝能排。他们找到了菜农富裕的路径，发展温室大棚，创造规模效益，当时已经初显暖棚经济的雏形，逐步奠定了产业发展的基础。他们在广袤的黑土地上创建万亩棚室，从远处望去，阳光下连片的大棚，成了白色的海洋！

中华民族是智慧的民族，始终把握大自然规律，讲求"万物负阴而抱阳，冲气以为和"的融合式发展。四平人顺应东北的气候条件，尊重菜农的意愿，带领菜农发展棚膜产业，让菜农发家致富。

2001 年，四平推动建设长平经济走廊，即在 102 国道沿线（长春至四平段）乡镇发展棚膜经济，市政府制定了产业扶持政策，市委组织部开展了"双开双带"活动，引导和推动棚膜经济发展。

2002 年 8 月 5 日，四平组织本市长平经济走廊沿线 10 个乡镇的乡村干部、专业大户及 6 个县（市、区）委组织部的有关同志，赴山东潍坊考察学习。学习了农业产业化经验，体验了"中国蔬菜之乡"寿光的连片大棚，引发了黑土地上的思考与向往，激发了菜农们的斗志和激情。

当年长平经济走廊上的范家屯经济开发区，充分发挥党员干部的典型引路作用，新建起了大棚 341 栋，温室 297 栋，蔬菜大棚达到 756 栋。长平经济走廊梨树段已经建成棚室 124 栋，经济作物面积达 133.5 公顷。

有阳光就有温暖。全市都积极响应号召，发展棚膜经济。其中 2006 年，梨树县高家村党支部原书记高华等 6 名党员干部，率先在各自承包的耕地上新建 2 栋塑料大棚种植豆角，当年每户纯收益 2 万多元。在党员干部的先行先试带动下，越来越多的村民开始建棚种菜，大家的"钱袋子"鼓了起来，高家村的棚膜从此开始真正发展起来。

直到 2009 年，吉林省政府主导发展"百万亩棚膜建设工程"，并对棚膜建设给予补贴，掀起了发展棚膜经济的高潮，棚膜经济进入了发展快车道，建设模式、经营模式不断创新，产业效益不断提升。从 2010 年开始，高家村每年新建 100 栋高标准大棚，全部钢筋骨架，面积达 1 200 平方米。到 2013 年，全村 930 栋大棚全部实现标准化建设。同时，带动辐射周边村镇乃至全市开始了棚室建设的高潮。四平市以梨树县高家村为引领的棚膜经济，每年新增千亩棚膜，始终处于吉林省的第一方队。

在黑土地上，保护好这一"耕地中的大熊猫"，是我们办任何事情的前提。随着现代农业的发展，合作社的兴盛，在四平这块英雄的大地上，又产生了棚膜产业的"梨树模式"。

2016年春，梨树县园艺特产管理站针对冷棚蔬菜生产周期短、效益低、不利于黑土地保护的问题，通过外出考察学习，建造了墙体包括两侧山墙都是土墙的土堆式温室。农业专家和菜农反映，这种温室不仅保温效果好于砖混结构，而且建设成本较低，保护了黑土地。更令人兴奋的是，这种土堆式日光温室保温效果好，冬季不用加温就能够生产，这样还能提早延晚错峰上市，增加棚膜效益。

王家园子村党支部书记王彦和村委会一班人，针对本村冷棚多、上市集中、效益低的实际情况，每名村委会成员都带头建设温室，一个村干部建一栋，给村民们打个样。在村干部带领下，由梨树县盛园蔬菜种植养殖专业合作社牵头，合作社社员踊跃投资建设土墙温室园区。王家园子村仅用2个月时间就建成了总投资400万元，占地面积192亩的棚膜园区。周边的10多个合作社，也都跟随着建立了这样的棚室。土堆式温室的发展，解决了投资过大和冬季正常条件下可以生产茄果类蔬菜的问题，被称为棚膜产业的"梨树模式"。

为了更好地保护与利用黑土地，梨树县政府投资300万元，在梨树镇、喇嘛甸镇建立了2个果蔬秸秆处理中心，将秸秆粉碎、加肥、还田。政府还出资对菜农秸秆还田的每吨补助300元，极大地调动了菜农的积极性。同时，随着科技的发展，梨树县温室近几年建设的现代化高标准温室，都采用高强度钢架结构，覆盖复合型棉被层，在不破坏耕层的前提下，实现环保。这样，强有力地解决了黑土地保护问题，促进了村屯环境的美化。

党的富民政策、新农村建设方略、全面优化农业产业结构调整政策、发展新型农业产业经营主体政策等一系列政策的实施，当地党委政府因势利导，把发展棚膜经济作为重要方向，科学规划，多方协调，引导广大菜农发展棚膜产业。

四平市始终坚持"一张蓝图绘到底"，把棚膜经济发展牢牢抓在手上。坚持因地制宜、差异发展、连片建设，围绕蔬菜、食用菌等特色产品，推广"一乡一业""一村一品"发展模式，重点围绕四平、梨树、伊通、双辽 4 个棚膜优势区和长平、公伊等 7 条主要交通沿线，建设 100 个棚膜园区，构建形成"四区七线百园"发展格局。根据各地资源禀赋优势，以梨树县为中心发展蔬菜产业集中区，辐射铁东区和铁西区城郊地带，打造城郊放心菜生产基地。

2017 年，四平下发了《四平市"三品一标"农产品认证奖励暂行办法（新版）》，对新的生产经营主体进行表彰奖励。2017 年 6 月至 2021 年 12 月仅市本级就发放了奖金 12.9 万元。

2022 年，利用政府专项债在梨树县霍家店街道建设梨树县棚膜产业融合发展示范园区，建设内容包含棚膜产业一产种植业、二产蔬菜分拣及包装、三产冷链物流、果蔬集散中心及电商产业。园区新建建筑物总建筑面积为 51 305.08 平方米，新建智能玻璃温室 1 栋，建筑面积为 4 800 平方米，新建日光温室 28 栋，总建筑面积为 45 866.7 平方米，建成后可极大提升蔬菜产业化程度。

2023 年，政府为进一步推动棚膜经济的发展，召开动员大会，印发了《关于加快推进全市棚膜经济发展的实施意见》，针对在四平市建设散建棚室的主体给予先建后补的奖励政策和给予建设 30 亩以上园区的主体在获得省先建后补奖励资金的基础上配套温室奖补政策。仅市区内就拟拿出 170 万～300 万元进行奖补。

棚膜经济的发展，始终离不开人才的支撑。站在北纬 43°黑土地上的人们，最擅长的是系统思维。他们把黑土地保护与利用、现代农业发展、合作社发展、棚膜经济、人才作用发挥，一同考虑、一起谋划。

他们紧紧依托全国的各相关科研院所来获得科技支持。主要是依托中国农业大学吉林梨树实验站、梨树黑土地论坛和中化农业 MAP 技术服务中心等载体，针对不同时期、不同地域出现的不同问题，制定可行的实施方案和指导意见。在棚室加固、防灾减灾等方面，专家配合政府组织各地制定了《关于加强冬季棚室生产管理的指导意见》等相关文件，指导各地开展工作，推动棚膜技术的创新，促进棚膜经济的发展。

他们充分利用实验站的园艺专业的硕博研究生以及各地农技推广站、园艺特产站的工作人员，开展农技提升行动。采取举办培训班、实地指导、线上指导、科普大集、媒体讲座等多种形式开展设施蔬菜"百人指导、千人培训"工作，形成完整的线上线下科技培训体系。伊通县积极争取到县财政 2 万元的资金，支持设施蔬菜"百人指导、千人培训"农技提升行动，为当地工作顺利开展提供了保障。2022—2023 年度冬春科技培训 4.8 万人次，为全市乡村振兴提供人才支撑。他们还集中发放《蔬菜病虫害诊断与防治图解口诀》《农作物气象灾害防灾减灾技术指导手册》《保护地蔬菜栽培技术》《食用菌栽培技术》等技术手册和图书，加强技术示范推广。梨树县重点推广了果蔬秸秆还田和茄子、辣椒双干整枝 2 项技术。推广优秀品种有茄子品种：紫丽人；辣椒品种：螺丝椒；黄瓜品种：黑又亮、传奇 7781，得到了用户的广泛认可与好评。

人世间所有的活动起源于自觉，升华为文化。在 40 多年的棚膜经济的发展中，在黑土地上已经形成了现代棚膜经济的文化，人们开始领略到了现代农业文明。

经过 40 多年的探索与培树，已经形成了家喻户晓的棚膜品牌产品。九月青豆角、黄瓜、辣椒、番茄、茄子、甜瓜、草莓、葡萄被广大用户认可，享誉东北。棚膜产业经济效益显著，如大棚甜瓜每亩每茬净收入 3 万余元，豆角每亩净收入 2 万余元。

全市棚膜经济发展中，涌现出众多的棚膜专业村。梨树县有梨树镇高家村、东平安村、喇嘛甸镇王家园子村、老程窝堡村；伊通县有宝捷集团；双辽市有那木镇、百禄村、柳条村等，棚膜产业已经成为四平市农村经济的重要产业之一。

心有多大，舞台就有多大。有格局、有心胸，才能创造伟业。2008 年，在高家村由村集体建立了蔬菜人力资源市场，经过运作，2015—2017 年，每年用工 10 万人左右，形成了较大的影响力。2017 年建立了"万亩棚膜参观展示台"、吉林省唯一一家"梨树蔬菜展览馆"，每年有近万人来参观学习。集中培育打造了享誉省内外的"白色海洋，绿色工厂"棚膜经济产业集群。叫响了"南有寿光，北有梨树"的中国蔬菜之乡品牌。2009 年以来，全省棚膜经济工作现场会议 3 次在四平市召开。

40 多年的求索，40 多年的奋斗，四平人在不断谱写着棚膜经济的辉煌。2022 年，全市共新建设棚室 3 982 栋，4 059.98 亩，其中温室 456 栋，437.17 亩；大棚 1 409 栋，1 877.18 亩；简易棚 2 117 栋，1 745.63 亩（包含零散棚室）。现有棚室达到 5.62 万亩，全市经济作物面积达到 146 万亩。

在北纬 43°的黑土地上，英雄的人们用生命与黑土相伴，用血汗与阳光共舞，用身心与大自然和谐共生，用黑土地上白色的海洋谱写着农业现代化的美好乐章。

十九、 黑土地的再生农业之光

黑土地上的人们，用科技手段高质量地推广应用"梨树模式"，全面提升农业智慧化、现代化水平，为乡村振兴和现代农业发展提供了新动能，实现了黑土地保护与现代农业发展的深度融合，显著提升生态和经济等多个方面效益。

种养结合——黑土地百花齐放

实验站在推广"梨树模式"的同时，不断创新种植方式，探索再生农业，推行了米豆间作轮作的保护性耕作模式，大幅度降低了农药化肥的使用量，有效遏制了单一种植玉米导致的土地营养成分失衡问题。以米豆间作轮作祛病害、提养分、增产量、积极争取国家和省轮作补贴资金支持，依托种粮大户和家庭农场，推行了米豆间作轮作和种地养地相结合的生产技术。通过玉米与大豆轮作，大幅度减少了病虫害、提升了土质养分、增加了作物产量、促进了农业可持续发展。近几年来梨树县推广米豆间作轮作技术的种植面积基本稳定在 10 万亩以上，而且还在持续扩大，对黑土地的保护作用日益显现。同时，针对西部村屯土质偏碱性、年均降水量不足 800 毫米、年日照时间长达 3 000 小时的特点，打造了西北风沙区杂粮种植带和西部易旱区黑豆、花生种植带，共种植杂粮 10 万亩、黑豆 2.7 万亩、花生 4.5 万亩，年实现经济效益超过 1.5 亿元，比种植玉米高出近 1 倍。

实验站紧紧抓住梨树"科技先行县"的优势，采取农牧结合、种养一体的方式，促进畜禽粪污资源化利用，发展再生农业。把创建畜牧业绿色发展示范县作为"梨树模式"推广应用的有效载体，推动畜牧业实现绿色转型升级，使畜禽粪污变废为宝，既培肥地力、又增产增收。改造提升养殖小区设施水平，加快畜禽粪污处理设施改造，全县新、改、扩建规模养殖场（小区）4 个，总数已达 540 个。创建省级畜禽标准化养殖示范场 19 个，增设了节水节料设施和粪尿储存设施，规模养殖场粪污处理设施装备配套率将达到 100%。梨树县还开展生态循环农业示范试点，投资 3.5 亿元建设粪污区域性处理中心 7 个，并在养殖密集区和重点村屯建设粪污收集点 721 个。以吉林红嘴种猪繁育有限公司为试点，利用猪粪发酵还田，猪尿收集发酵后灌溉农田，通过农牧结合、种养一体化培肥地力，提高畜禽粪污资源化利用率。以小城子利民生产专业合作社年产 8 000 吨、吉林省安田生物科技有限公司年产 3 万吨、吉林信士生物科技有限责任公司年产 1.2 万吨有机肥项目为重点，加快推进秸秆堆沤粪肥资源化利用项目建设，计划到 2023 年年末，全县畜禽粪污资源化利用率可达 90% 以上。按照 3 米³/亩的秸秆堆沤粪肥施用量计算，施入堆沤农家肥的地块当季可减少化肥用量 20% 以上，既降低了生产成本、增加了农民收入，又保护了地力。

现代科技——黑土地发光

梨树县充分运用网络信息技术，实现了黑土地数据化监测、生产环节智能化管理和农事在线服务；同时大力推进土地全程机械化经营，全面提升农业智慧化、现代化水平，实践再生农业，为乡村振兴和现代农业发展提供了新动能。在重点区域设立电子监测点，对"梨树模式"推广应用的效果做出科学评价。在核心示范区建设了 100 处监测点和 100 处气象观测站，用于采集作物生长环境信息，当空气温度空气湿度、土壤含水量等监测数据超过预警值时，系统自动预警，通过手机短信及网页报警，便于相关机构和生产者快速掌握土地墒情动态，采取相应对策措施；用于智能虫情测报，由太阳能虫情测报灯、高清摄像头及分析软件组成的灯诱虫情测报系统，通过网络即时将照片发送至远程信息处理平台，利用最前沿的图像处理技术对测报设备收集的虫害信息进行归类统计，通过数据分析快速判断作物发生某种虫害的趋势，发出有效预警，及时采取有效措施加以防治；用于灾情、苗情监控。由高分辨率摄像头、网络视频服务器和控制部分组成监控系统，为农业抗灾减灾决策提供重要依据，最大限度减少因农业灾害带来的损失。

无人机在黑土地上飞行，洒下的是丰收的希望，联盟的土地上，都在运用无人机……梨树县全力打造智慧农业，抓住"梨树模式"推广的有利契机，依托梨树县黑土地保护试点项目，在中国农业大学吉林梨树实验站建立了智慧农业指挥中心凭借云计算、物联网、大数据平台，利用遥感技术，建立起了现代农业指挥系统和农业追溯系统，将作物生长的全过程纳入智能管理。农业专家在指挥中心就可以掌握农作物的长势、土壤水分、温度、病虫草害等情况，在线指导农民耕作、施肥、灌溉、喷药等。还在东北四省区设立了103个"梨树模式"示范基地，完善了宏观和微观监测管理体系，进行可视化交流指导，扩大了"梨树模式"推广的范围和覆盖面。如今已经实现了远程作业监控、电控故障自动诊断、产品作业状态管理、作业数据自动采集、后台大数据分析等功能，迈出了农业生产智能化发展新步伐。

生产单元——现代农业新曙光

思想引领发展，创新经营未来。"梨树模式"推广应用中，打造了现代农业生产单元的方式，让经营主体操盘，将土地连片，把农艺农机技术、标准化管理等现代农业生产要素整合到一起进行生产经营。这一方式，实现了生产效率与经营效益共同提升；保障农民利益，助推现代农业发展；实现了"梨树模式"的升级版。

2020年，建立"梨树模式"县乡村三级示范基地，农技推广总站和乡镇一起推动建设。金融、粮贸、保险部门和农业服务公司实质性合作，组织100名优秀的硕博研究生深入100家优秀的合作社开展工作。2021年以来，梨树县与中国农业大学共同实施了"梨树模式"升级版——现代农业生产单元建设。现代农业生产单元建设是以农民合作社或家庭农场等新型经营主体为实施主体，以300公顷相对集中连片土地为一个单元，全部实施"梨树模式"，在此规模下合理配置农机具，将农资采购农机效率、人员配置和资金使用率发挥到最大化，实现标准化、机制化、信息化、契约化"四位一体"的建设目标。2021年，建立10个生产单元。截至目前，已建立22个生产示范单元，分布于全县12个乡镇，总面积10 000公顷以上，累计为合作社节本增收700余万元。同时，现代农业生产单元建设作为四平市着力推广黑土地保护利用的新模式，于2021年年末成为被国务院通报表扬的吉林省3项典型经验之一，2023年年初被申请成为四平市地方标准。

"通过建设现代农业生产单元，形成了以合作社为主体，政府主导，粮贸、金融、农业专业化服务组织为一体的生产格局，做到了规模连片、规范行距、智慧种植、产销统筹。率先实现了现代农业标准化、机制化、信息化和契约化。"站在黑土地上，王贵满自豪地说。

土沃粮丰——第一牛县牧歌飘荡

"梨树模式"的大面积推广，给黑土地带来了丰收，带来了更多的经济发展机遇，也为再生农业提供了广阔的空间。2021年，吉林省实施"秸秆变肉"工程，启动千万头肉牛工程建设，建设承载粮食及副产物转化增值的畜牧业大产业，明确到2025年，全省肉牛发展到700万头，之后再利用2～3年时间，实现1 000万头。

梨树县作为"梨树模式"的诞生地，年产玉米40亿斤以上，年产秸秆225万吨，发展肉牛养殖优势得天独厚；中国农业大学吉林梨树实验站、国家黑土地现代农业研究院、国家黑土地保护与利用科技创新联盟总部都在这里，发展肉牛养殖科技支撑无与伦比；这是"梨树模式"推广应用中的一个新的经济增长点，更是一个全新的玉米时代。

实验站助力梨树县依托本地产业优势，强化科技支撑，提供精准服务，促进秸秆资源就地转化和粪污资源化利用，拓宽经营渠道，做大做强肉牛产业"大文章"。运用"科技先行县"的优势，总站邀请农业农村部首席养牛专家为梨树县进行科技指导培训。同时，邀请中国农业大学动物科技学院和动物医学院3位教授举办线上培训及问题答疑，受益养殖户1 000余人。加强了科技支撑，加强技术队伍建设，重点解决肉牛标准化养殖、粪污资源化利用和生物防控等技术难题，定期到各乡镇（街道）开展宣传培训、肉牛养殖防疫技术指导及疫苗接种、圈舍消毒等工作，累计培训 1.2 万余人，走访肉牛养殖规模场 36 个。

实验站引导合作社和广大农户，打破传统农业"单线"发展现状，坚持种养结合的新理念，将秸秆科学离田和粪肥堆沤还田融入"梨树模式"，进一步扩大肉牛养殖量，加快秸秆就地转化、过腹增值速度，培肥地力，实现饲料、肥料循环利用，加快推进增收致富进程。全县年产秸秆 225 万吨，每公顷可增产玉米 350 千克，可增收 840 元。截至 2023 年，新建粪污临时堆沤点 1 429 处，全县畜禽粪污产量 355 万吨，利用率 95% 以上。

早春二月，乍暖还寒。公鸡的鸣叫，开启全新的一天，梨树县八里庙村也随着日出逐渐展现它的美貌。

辛勤的农民开始一天的劳作，养牛户刘井库也翻身起床，来到牛棚开始投喂饲料。自从去年年底购买 12 头母牛以后，老刘每天精心照看，观察牛的状态，忙得乐不可支。

"现在牛每天产生的粪便，我们用车拉到地里，铺上一层，待到春耕时节，牛粪和秸秆一起深翻还田，不仅增加土壤有机质含量，培肥地力，还能提高粮食产量。"老刘笑着说。

"老玉米"卢伟看着他笑了笑，觉得他说的很有道理，是梨树模式培养了他。一家一户，这样做可以，可是，这两年，在政府的号召下，八里庙村的养牛户越来越多，养的牛多了，排泄的牛粪也随之增加。对农户来说，牛粪多了不怕，找块地方堆起来，晾好了就能当肥料使用。可这种"土法制肥"存在很多弊端，一到下雨天粪水乱排，污染环境。为使"放错了地方的资源"回归本位，卢伟找到王贵满，找到实验站，商量解决办法。后来，县里以畜禽粪污整县推进项目为契机，积极探索散养户畜禽粪污就近堆沤发酵还田利用模式，农户将粪污发酵处理好后施加到自家农田，多余的粪污运输到粪污收集点，由粪污处理中心转运集中处理。

"老玉米"卢伟的女儿卢旭东负责梨树镇八里庙村的2个畜禽粪污收集点工作，统一收运堆沤处理全村的粪污，一年四季收运粪污4 000立方米，再用钩机播撒，用于种植还田，这种方式打通了养殖业粪污处理与种植业有机肥需求通道，实现种养结合、农业内部融合的发展模式。

实验站注重发挥县的主导作用，延伸产业链条。围绕肉牛产业建链、延链、补链、强链，利用专项债开始建设肉牛屠宰及牛肉食品深加工产业园，全面推进集养殖、屠宰、精深加工于一体的肉牛全产业链项目。近年来，梨树县结合本地肉牛养殖实际，提出"51112"肉牛工程，即5个万头牛场，10个千头牛场，100个百头牛场，1 000个50头牛集中饲养户，实现户均2头牛的发展目标。截至2022年年底，全县肉牛存栏24.8万头，出栏育肥牛20万头，饲养量达到44.8万头，成为"吉林省第一牛县"。

梨树县站在"梨树模式"发展壮大的新起点，抓住吉林省实施"秸秆变肉"工程，启动千万头肉牛工程建设的新机遇，乘势而上，在广袤的黑土地上，奏响了农牧结合的时代强音，行进在建设农业现代化的康庄大道上。

二十、"梨树模式"　世界共享

　　站在北纬 43°上的黑土地的人们，始终从黑土地的角度，细致观察黑土地的发展变化，认真研究黑土地存在的普遍问题，为解决黑土地面临的共同问题拿出"中国方案"——"梨树模式"，以海纳百川的宽阔胸襟借鉴吸收黑土地上的优秀成果，推动世界建设更加美好的黑土地。

黑土地的呐喊——形成国际影响

　　黑土有边界，科技无国界。梨树黑土地论坛，最初的定位就是和达沃斯论坛（世界经济论坛）、博鳌亚洲论坛一样的国际论坛。梨树黑土地论坛聚焦"世界目光"，实验站始终将论坛作为保护性耕作宣传发布的"第一品牌"来锻造，利用各种媒体平台，第一时间发布黑土地声音、讲好黑土地故事、传播黑土地经验，营造出良好的黑土地保护利用的氛围，不断提升中国黑土地保护的知名度和影响力，使其成为中国的一张"最亮名片"，让世界了解中国，让中国走向世界。

2016 年 6 月，现代农业发展道路国际学术研讨会就有英国皇家院士等 6 位国外院士参会。2016 年 9 月 1 日，以"结构调整与绿色发展"为主题，为期 3 天的第二届梨树黑土地论坛 2016 开幕，旨在不断提升论坛的知名度和影响力，吸引中国农业高层决策者乃至世界农业精英的高度关注。论坛邀请到国土资源部土地整理中心、农业部种植业管理司、中国农业大学、美国俄克拉荷马大学、美国马里兰大学等国内外著名高校和科研机构专家参加，包括 4 位院士、3 位国外专家在内的 60 余位专家学者，围绕农业可持续发展的战略性推测、产业调整与农村经济发展、黑土地保护与绿色发展，举行了 23 场学术报告和专家论坛，并通过视频连线与美国金博利农场合作签约。同年 10 月，以"肥沃黑土、优质绿色"为主题的梨树黑土地论坛在海南博鳌举行，站在世界高端论坛举办地，发布了《"梨树模式"绿皮书》，并被授予"黑土地保护示范县"，全景展示了梨树现代农业发展成果，助推梨树黑土地论坛向高端世界论坛迈进。世界目光，再一次聚焦在北纬 43°这片沃土上。

论坛得到中央电视台、新华社、中国新闻社、《人民日报》《经济日报》《光明日报》以及东北百家媒体的高度关注和广泛宣传。

随着论坛影响力不断增大，外向度的不断提升，2019 年 8 月的第五届梨树黑土地论坛，有 13 位国外专家学者参加。

2020 年 11 月，第六届梨树黑土地论坛在北京举办。2021 年 7
月，第七届梨树黑土地论坛，联合国粮食及农业组织、美国、
俄罗斯、乌克兰等 7 个国家农业部长采取视频连线等方式致
辞，充分表达了深度开展农业科技合作、共同保护利用黑土地
的强烈愿望。4 个国家使节、联合国 4 个组织负责人出席论
坛。2022 年 7 月，第八届梨树黑土地论坛，联合国粮食及农
业组织、阿根廷、匈牙利的农业部门和国际土壤学联合会负责
人进行视频致辞，9 个国家的专家学者参会。

2023 年 7 月，第九届梨树黑土地论坛，英国班戈大学生
物学院教授、英国皇家生物学会会士克里斯·弗里曼同样支持
开展国际合作，共同推动黑土地保护利用。"论坛为我们提供
了一个应对面对挑战的机会，通过交流思想、交流研究成果，
相互合作，我们才能够应对挑战。作为科研人员，我们要开发
更加有效的技术，推广更加可持续的生产方式，促进资源的合
理利用。"

美国土壤学会理事长、艾奥瓦州立大学教授迈克尔·汤普
森表示，希望通过对美中黑土的比较研究，共同开发更好的黑
土地保护技术。在黑土地保护领域中国处于领先地位，世界上
很多国家特别是美国要向中国借鉴、学习。

保护性耕作的"一带一路"——向更大面积推广

2020 年 7 月，习近平总书记在视察梨树时指出：一定要
深入总结"梨树模式"，向更大的面积去推广。习近平总书记

的厚爱与重托，温暖着、激励着黑土地上的人们向更高更远的目标奋进。2020 年年底，实验站、科研机构提出了"梨树模式"走向"一带一路"的活动倡议，要助力"一带一路"沿线国家和地区农业绿色发展，提升农业竞争优势，截至 2022 年年底，已与相关合作单位在内蒙古中西部、宁夏和新疆建立实验示范基地 4 处，取得了良好的试验示范效果，平均每公顷节本增效 3 000 元以上。

在研究谋划"梨树模式"走向"一带一路"的时候，李保国和王贵满就带领团队人员进行反复探讨，站在建立人类命运共同体的角度，认真分析了当时的实际情况。在"一带一路"沿线中亚、西亚及北非国家和地区，农业在产业结构中占有重要地位，但受地理环境等因素影响，生态脆弱、土壤贫瘠、水资源短缺，农业生产资料匮乏，农业生产受到很大限制，除以色列外，农业几乎没有太大竞争力。这些国家和地区农业竞争力提升空间较大，为我国农业"走出去"提供了良好契机。而采取当前最为成熟、推广面积最大、最典型的保护性耕作模式"梨树模式"，无疑是提高"一带一路"沿线国家和地区落后农业生产力的有效技术手段，对保障区域粮食安全和生态安全具有重要意义。

研究初步确定在国内先行，然后再走向世界。国内的具体路线为内蒙古西部、宁夏、甘肃、新疆等地；选择对保护性耕作认识高、开展基础好、有农机设备（免耕播种机）、愿意合作的合作社作为"一带一路"先行示范点。同时了解到，北京德邦大为科技股份有限公司在这一区域有免耕播种机用户并开展保护性耕作，得到了大力支持，定义为：德邦大为助力"梨树模式"走向"一带一路"。

2021年，在德邦大为公司的建议下，确定在内蒙古的呼和浩特、新疆的塔城和喀什设立示范点，并由德邦大为公司销售服务人员协助开展工作。同年8月，组织专业人员前往考察工作情况。

2021年，中国农业大学和西部四省区10余家单位签订了合作协议，开展"梨树模式"示范区建设，助力"一带一路"沿线国家和地区农业绿色发展，提升农业竞争力优势。示范区建设的主要目的，是探索适合当地情况的保护性耕作技术、推广保护性耕作方法。

到了2022年年初，实验站把"梨树模式"走向"一带一路"做成项目，正式启动，并将更多的力量投入项目中。王力认为，"在'一带一路'沿线国家和地区开展农业产业合作和发展，符合我国农业'走出去'的发展战略，也符合'共商、共建、共享'的发展战略。"

王力感慨地说："'梨树模式'走向'一带一路'，是一项长期而伟大的系统工程。不仅我们团队的成员们要坚持不懈地去做，在我们推广保护性耕作'梨树模式'的同时，还要不断为当地培养农业领域的专业技术人才，探索适合当地的技术和经营模式，创新更多的地方'梨树模式'。"

2021年，中国农业大学的团队来到新疆，通过塔城地区农牧机械技术推广站副站长辛岩和当地农牧机械技术推广站合作，在当地的种植大户中，建立了一块 100 多亩的示范田，进行保护性耕作"梨树模式"的试验示范。

在新疆的"梨树模式"示范中，推广应用很不容易。与东北黑土地不同，位于北疆的塔城地区常年干旱少雨，降雨不能满足农业生产，主要依靠灌溉。在同样条件下，采取秸秆覆盖、免耕播种等技术的"梨树模式"，比没有采用"梨树模式"的土地晚浇水 5～7 天。

2022 年，塔城干旱少雨，而在塔城地区额敏县上户镇的田间对比试验中，在同样少浇了 2～3 次水的情况下，秸秆覆盖、免耕播种的试验田玉米，比采用常规种植的玉米亩产增加了 26 千克以上。

王力和我说，团队成员深入田间指导，农户身边的示范田的成效，逐渐带动了周围一些人效仿。2023 年，当地采用"梨树模式"的田地已经有 1 000 多亩。

李保国很高兴地向我讲述了内蒙古自治区水利科学研究院副高级工程师宋日权的故事。宋日权是从梨树县走出的"梨树模式"推广者之一，他是中国农业大学土地科学与技术学院跟随李保国学习的在职博士生，并把"梨树模式"带到了他工作的内蒙古地区。

在内蒙古呼和浩特和林格尔县，宋日权也在寻找更快推广"梨树模式"的突破口。

和林格尔县是沙层多、降雨少的区域，自然降水无法满足生产。在当地玉米种植中，普遍采用膜下滴灌的灌溉方式，这种方式需要在地膜下铺设滴灌带，费时费力，且成本较高。2021年起，宋日权在这里建立试验田、示范田，尝试改进"梨树模式"，探索适合当地的保护性耕作方式。

宋日权说："和林格尔和梨树有些不同，一方面降水较少，需要灌溉；另一方面这里处于农牧交错带，长期翻耕加剧了耕地侵蚀。传统的农业生产中，秸秆本身就是收益之一，可以用作饲料，也可以用作农户的燃料，因此都是不还田的。"

宋日权为了给农民竖标杆、打成样，在他们的试验田和示范田中，不带走秸秆，也不翻耕土地。秸秆覆盖、免耕播种等技术的应用，效果非常明显。"我的地块不减产，甚至有些增产，提升了地力、降低了农田蒸发、减少了灌溉次数，同时节约了成本。"他自豪地说。

对于农户来讲，运用哪种种植方式，节约成本是最大的驱动力。宋日权算了一笔账，过去采用地膜覆盖、膜下滴灌的技术，在秸秆覆盖后，就可以代替地膜，仅地膜一项，每亩就能节省成本40元左右。同时，免耕播种，节省了犁地、旋地的费用，每亩节省60元左右。不用地膜，出苗后也不再需要把苗从地膜中抠出来，这又节省了20～30元的人工或机械费用。"总体来说，一亩地可以节省120～130元的成本，在大面积生产中，这个数字已经很高了。"他说。

在农田高效用水中，"梨树模式"还有一项更有长远意义的作用——节水。宋日权说："我们一直在监测灌溉用水和作物需水的情况，以玉米耗水量做对比，传统耕作使用的水，每亩大约相当于 400 毫米降水，而保护性耕作模式下，只要 320～340 毫米就够了。最少的节水量，也相当于 60 毫米降水，这是 3 次中雨的降水量。"

王力说对"梨树模式"走向"一带一路"信心满满，"从长远看，前景非常广阔。'梨树模式'本身也适合'一带一路'沿线的农业生产。而且，和黑土地相比，那里的土地更加贫瘠，保护性耕作在改良土壤、提高产量、增强作物抗逆能力等方面的效果，会表现得更明显。"

王力介绍说，在内蒙古等地的推广实践中，"梨树模式"的效果已经显现。在黑土地上，保护性耕作节本增效，大约在每公顷 2 200 元，也就是每亩 150 元左右。而在内蒙古，测算的结果是每公顷 3 000 元左右，也就是每亩 200 元左右。

如今，中国农业大学的团队正在不断将"梨树模式"推广到更多的地方。王力介绍："当前，在甘肃、宁夏等地都在建设示范区，而未来，还将走出国门，为中亚、西亚、北非等地区提供技术支持，帮助当地保护耕地，增加农业经济效益。"

2023 年，由中国农业大学投资购买了 3 台免耕播种机，在继续巩固原来的示范点基础上又开发了宁夏石嘴山和新疆和田示范点。

2024 年，计划"梨树模式""一带一路"建设走出国门，在德邦大为免耕播种机在国外的 9 个国家的用户中选择 1～2 个作为示范点，初步确定为俄罗斯、津巴布韦、赞比亚等国家和地区。

按照习近平总书记"一定要深入总结'梨树模式',向更大的面积去推广"的要求,实验站的人们,不仅将"梨树模式"在辽阔的东北大地推广,而且已经走出黑土地,一路向西,走向神州大地,走向世界。讲好黑土地故事,传播黑土地经验,营造出良好的黑土地保护利用的氛围,让世界了解中国,让中国走向世界。

尾　声

习近平总书记在 2018 年 9 月的东北行中指出，中国人要把饭碗端在自己手里，而且要装自己的粮食。2020 年 7 月总书记视察梨树黑土地时指出，一定要保护好黑土地这一"耕地中的大熊猫"；一定要深入总结"梨树模式"，向更大的面积去推广。

神奇的黑土地，是母亲的怀抱，供养万物苍生；神奇的黑土地，是父亲的肩膀，承载着粮食安全的重荷；神奇的黑土地，更是国家的温床，给华夏子孙提供着生生不息的食物保障。

正是在这片神奇的黑土地上，人们用生命与黑土相伴，用汗水与阳光共舞，用身心与大自然共生，摸索出一套黑土地保护和利用的蓝本——"梨树模式"。

"梨树模式"，改变了生产方式，提高了生产力，改良了生产关系，奏响了农耕文明的时代强音，使得"母亲"的胸怀更加宽广。

"梨树模式"，推广了农业科技经验，推进了农村现代化建设进程，加快了建设农业强国步伐，使得"父亲"的肩膀更有力量。

"梨树模式"，是向习近平总书记递交上了一份促进乡村振兴战略、推进中华民族伟大复兴进程的农业答卷，是向人类提供了一套黑土地保护利用的"中国方案"，更是向世界回答了一个响亮的答案——中国人的饭碗，掌握在中国人自己的手上。

后　记

　　每个人都有属于他自己的时代感怀，每个人都会有他那个时代的清晰印记。在我的一段时代里，黑土地保护利用的岁月，充满荆棘与艰辛，充满变数和挑战。我的工作岗位，使我有幸见证了这一历史过程，我有责任把它用文字展现出来，记忆那些峥嵘岁月，让那些奋斗的人们成为历史的永恒。

　　岁月的浪潮，把我涌进了"采菊东篱下，悠然见南山"的晕环。黑土地保护利用成果的凸显、"梨树模式"高歌猛进的发展、农业现代化建设的汹涌波澜、人与自然和谐共生的强烈呼唤，冲击着我的灵魂，滋润着我的智慧，让我的笔端流出了——《让黑土地永生》。

　　经历使人从容。感谢那些在黑土地上和我一起工作的人们：理事会领导李保国、张旭东、王贵满，骨干李社潮、齐力、朱金、苗全、高华，他们是我写作力量的源泉；感谢众多的科学家们：李保国、张旭东、张福锁、任图生、米国华、解宏图、高强、李刚等，他们让我拓展了黑土地的视面；感谢年轻的科技人员，周虎、王力、王影、朱宇博，他们让我看到了黑土地的春天；感谢我跑遍的梨树 301 个行政村的农民，感谢联盟成员卢伟、韩凤香、杨青魁等，他们用汗水成就了联盟、基地的阳光灿烂；感谢文学、新闻职业生涯中的伙伴，景凤鸣、张伟、于国占及众多的同行，他们为我的写作提供了借鉴。

当然，我最最感谢的是走进作品里面的人，他们撑起了黑土地保护利用的天！我只是他们的代言人，只是他们辉煌人生的见证者，只是他们光辉岁月的记录人。在我时间的叙事里，讲的都是重大的节点；在我人物选择的方法上，都是用个人大事年表简化年月，选择不同的人、不同的事例。纵然一些人、一些事件没有跃然纸上，但黑土地保护利用的大戏一直没有谢幕，他们仍然是舞台的主角，仍然光芒绽放。

感谢中国农业大学土地科学与技术学院、中国农业大学吉林梨树实验站、中国农业大学出版社给予的关心、支持与厚爱！

我祈盼，在你们的帮助、支持下，作品能走进人们的心中，激发人们黑土地的情怀，引发人们保护利用黑土地的豪情，使每个人都尊重自然，顺应自然，在建设农业现代化的征程中，让人类与自然和谐共生，让黑土地永生！